Painting × Flower Art

画花
25 幅名画的花艺表达

花艺目客编辑部 —— 编

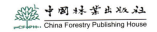

Painting ✕ Flower Art

画与花

25幅名画的花艺表达

解构25幅名画，花艺再创作

图书在版编目（CIP）数据

画与花：25幅名画的花艺表达 / 花艺目客编辑部主编. —
北京：中国林业出版社，2019.11

ISBN 978-7-5219-0325-6

Ⅰ.①画… Ⅱ.①花… Ⅲ.①绘画—鉴赏—世界
Ⅳ.①J205.1

中国版本图书馆CIP数据核字（2019）第238669号

责任编辑：印　芳　袁　理
出版发行：中国林业出版社
　　　　　（100009 北京市西城区刘海胡同7号）
电　话：010-83143565
印　刷：固安县京平诚乾印刷有限公司
版　次：2020年1月第1版
印　次：2020年1月第1次印刷
开　本：787mm×1092mm　1/16
印　张：9
字　数：300千字
定　价：58.00元

Painting & Flower Art

CONTENTS
· 目录 ·

Claude Monet

012
在草原中央
& 侧目

016
白杨树，秋天
& 暖雨夜

022
睡莲
& 静水边

026
阿尔让特伊的林间小路
& 暮春微云

032
塞纳河上的小船
& 花火

038
洪水
& 聚合物

042
睡莲
& 流光

Edgar Degas

048
芭蕾课
& Walt for Afternoons

054
粉红色和绿色的舞者
& 明不起来的清晨

060
倾斜的舞者
& 韶光岛屿

066
舞台上的舞女
& 牧神的午后

072
降下帷幕
& 秋夕

076
舞蹈考试
& 温柔

Vincent van Gogh

084
村舍、农妇和山羊
& 流光

088
橄榄林
& 绿野仙踪

092
橄榄树和黄色的天空与太阳
& 盛放的你

098
圣保罗医院的花园
& Fantasy

104
玫瑰
& 5月6日 晴

Others

110
无名女郎
& Diva

114
无情的妖女
& Dionysus

120
秋杨
& 夜不下来的黄昏

126
年轻的母亲在织衣
& 一束春光

130
忏悔
& 莎士比亚的对白

136
穿橘色裙子的小女孩
& 去野餐吧

140
夏
& 没有说出口的

画与花艺：
对于绘画的解构再创作

花艺是源于自然的美好尤物，令人心旷神怡。

绘画是大师笔下的姹紫嫣红，让人充满想象。

花与画，都是美的精灵，都是情的表达。

曾有不少大师以花为主题，创作出了很多惊世之作，其间无不透露着他们对生命的热情和对自然的向往。如今，花艺也越来越多地步入了人们的生活，各类花艺作品精彩纷呈，创意无限。若是从油画艺术中汲取灵感，通过画面的视觉感受、色彩秩序等进行分析与重构，设计出具有画面代入感的花艺作品，又会产生怎样的火花呢？书中精选了25幅名画，并对其进行解构分析，再经花艺师之手，创作出全新的花艺作品。从画中走出来的花艺，是怎样呈现的呢，希望读罢此书，你会获得灵感的激发。

色彩的再创作

阅读此书时你会发现，在选择名画作品去进行花艺重构设计的过程中，我比较多地选择了印象派包括后印象派的作品。当然，对于莫奈、梵高等画家的喜爱是一方面的原因，更重要的是它们的画面风格更利于我们进行花艺表达。

印象派给人的第一感觉是朦胧的，它表现的是大自然瞬息即逝的光色效果，注重光影交织的美感。后印象派是"带着情感运用色彩"的一派，它重新诠释了光与色，更注重表达画家对客观世界的主观感受。它们的出现颠覆了曾经"记录客观世界"的西方传统画，启迪了现代主义艺术流派。印象派和后印象派淡化了景物的体积感，强化了色彩因素，它们的画面色彩大都是自然的、丰富的、热情洋溢的，是笔触在纸上的交错，是色块在眼前的活跃。

而花艺讲究优美的造型，也追求明艳的色彩，两者都是花艺设计的核心要点，如同英语中的26个英文字母，是最基础亦是最重要的。尤其是色彩，在花艺中会给人以最直观的感受，在一般审美过程中，色彩的作用会首先被注意，或者说，颜色之美最易被人接受。花的红与叶的绿都是出自大自然的手笔，而印象派

的画面在某种程度上也是追求这种"自然之色"的,所以,我们说印象派的色彩是更容易用取之于自然的花材去表现的。

相对而言,色彩含蓄、内敛、浓郁、沉重,整体色调趋于一致的古典主义油画,就不是很容易用绚烂多彩的自然界的花朵去表现了。当然,自然馈赠于我们的原材料多种多样,各种花材的颜色更是数不胜数,我们同样可以选用低沉、高雅、怀旧的花材配色去呈现浓郁、复古的古典主义油画般的效果,这在后面的案例中也有部分涉及到。

从画到花艺创作,其实是一个意象表达的过程。落叶的秋杨、丰收的麦田、火红的舞女裙摆、夕阳下的树影、灯光绚烂的舞台,这些都是暖色调的意象,常表达温暖和煦、欢愉喜悦、热烈奔放、意气风发的情绪。火红的玫瑰、橘色的花毛茛、粉红的大丽花、橙黄色的向日葵……都是很好的表现暖色调意象的素材。清冷的雪地、夜晚的星空、傍晚的睡莲池塘,这些都是冷色调的意象,要么代表冷漠低沉、消极颓唐、孤寂凄凉,要么表现一种清幽淡雅。这时,花色的朴素简单,色调的清冷内敛则是表现冷色调意象的关键,洁白的银莲花、蓝紫色的绣球、灰绿色的银叶菊等便成了最佳选择。

形与空间的再创作

当然,花艺表达不只是暖色调用红、黄、橙,冷色调用蓝、紫、绿这么简单,一件令人心仪的花艺作品,色彩是要经得起推敲的,远看时主题色调要明确、突出,画面效果统一,近看时又要细节丰富、主次分明、个性突出。

印象派的画家常以色光混合的原理处理油画的色彩问题,将红黄蓝三色并列或重叠,并利用红和绿、黄和紫、蓝和橙的互补色对比,使画面在强烈视觉冲击中产生新的和谐。花艺创作也是一样:淡紫色的翠珠花点缀在黄色调的花束中,青翠的绿色系花束中隐约露出一抹嫣红,这属于对比色的运用。对比色要注意把握好色彩的面积以及纯度、明度,这些我们都可以从名画中借鉴。

但花艺色彩与绘画色彩也有着诸多不同之处,绘画颜料可以自由调配,而花

材却来自于自然，我们无法将它们调制成我们需要的纯度和明度，且每一朵花都会包含很多不同的色彩，在做花艺设计时需要我们对花材的色彩搭配进行更深入的分析与理解，根据各种花的形态结合它的本身色彩去搭配运用。

　　当然，意象的表达不单是通过色彩就可以实现的，花艺作品的构图、空间也是极为关键的因素。油画中的构图直接冲击着人们的视觉感官，点、线、面的不同组合方式表达着画家想要传达的不同氛围，斜线型的构图会给人一种方向、动势、不稳定之感，横向型的构图会让人感到心胸开阔、思绪平静、一览无际，竖向型的构图可以表现出高大、威严、挺拔、生机勃发之感，"s"型构图优美、典雅，富有活力和韵味。表现到花艺作品中，直立型、水平型、圆型、新月型等等，不同造型的花艺作品也会给人带来不同感受，可以应用于各种不同的场景。结合花艺设计原理，借鉴画中的构图与空间表现手法，也许会获得新的启发。

　　这是一本写给花艺师的书，也是写给所有热爱生活热爱艺术的人们的书，书中将带你一起去领悟大师的绘画语言，从这些传世画作的审美情趣中提炼精华，发现绘画与花艺设计的共通之处，探寻花艺设计的精髓，以及有关生活美学的灵感与启发。艺术是相通的，不论是花艺，还是绘画，都是不同形式的情感表达，都有着同样的审美属性。而艺术，又源自生活。所以，我们做花艺需要的不仅仅是审美的水平和设计的天赋，更需要一颗热爱生活、感受生活、思考生活的心，从材料、技艺、理论中获取经验，从情感、文学、绘画、音乐、故事中获取素材，从生活的碎片中找寻一颗颗灵感的珍珠。

　　从大师笔下酣畅淋漓的画，到桌前自由灵动的插花，还有多少未知的精彩等我们去创造，这之间只差一个心灵手巧的你了。

　　本书的顺利出版离不开编辑协调下的技法编写和花艺师们的互相配合，技法分析来自于中国文联文艺评论中心《中国文艺评论》编辑、Story From You花艺设计品牌主理人王朝鹤的笔耕，大部分花艺来自于元也花艺创始人夏生的精心设计，同时感谢Heart Beat工作室主创林淇Lvy、One Day花店主理人三木Sam提供的部分设计灵感，以及美编刘临川的设计才让这本书得以呈现于我们眼前。

　　成书离不开各个环节的协作，在此向他们表示由衷谢意。

王朝鹤
2019年10月22日

Claude Monet

画 与 花 / 莫 奈

克劳德·莫奈（Claude Monet，1840 – 1926 年），法国画家，被誉为"印象派领导者"，是印象派代表人物和创始人之一。

莫奈是法国最重要的画家之一，印象派的理论和实践大部分都有他的推广。莫奈擅长光与影的实验与表现技法。他最重要的风格是改变了阴影和轮廓线的画法，在莫奈的画作中看不到非常明确的阴影，也看不到突显或平涂式的轮廓线。光和影的色彩描绘是莫奈绘画的最大特色。

　　侧目　在草原中央 In the Meadow
　暖雨夜　白杨树，秋天 Poplars, Autumn, Pink Effect
　静水边　睡莲 water lilies
暮春微云　阿尔让特伊的林间小路 The Allee du Champ de Foire at Argenteuil
　　花火　塞纳河上的小船 Rowboat on the Seine at Jeufosse
　聚合物　洪水 The Flood
　　流光　睡莲 water lilies

01

花艺表达 — 侧目

In the Meadow
在草原中央

克劳德·莫奈（Claude Monet，1840-1926年）
60.3cm×82cm 布面油画 私人收藏

作为法国印象派的代表人物，
莫奈极其善于捕捉风景中流逝的时间、生活中的光影、冷暖，
《草地上》便是这样一幅极具印象派风格的画作。

画中的女子是莫奈的第一任妻子卡米勒，
也是莫奈为数不多的人物画像作品中出现最多次的女主角。
画中，一袭白裙的卡米勒躺在细碎的野花丛中阅读书籍，
身后一把阳伞半遮隐在草丛中……
通透的光影、柔和的春意、扑面的清风，
仿佛连空气都在跃动。
也许，对于莫奈而言，
唯有光和卡米勒才是上帝赐予他的最珍贵的礼物。

侧目

设计师：夏生
来自：元也花艺

Flowers & Green
木绣球、路路通、花烛、菝葜果、文殊兰、银莲花

色彩

　　整幅画面色彩清新明快，以绿色为主色调铺底，点缀了黄色与些许的紫色、白色。女人的白色长裙在花丛中若隐若现，与白色帽子、阳伞一起作为大色块出现，占据了整幅画面的焦点。

画作构图

　　经典的斜线式构图使整个画面以一种最舒适、自然、放松的状态展开，特别是由左下到右上延伸的斜线构图方式会使作品产生一种积极、愉快的氛围。

　　画中的女人斜卧在一片花丛中，与身后的阳伞呼应，相连成画面中最亮的一条主线，近处的花草半遮掩着白裙，主体也表达得更加朦胧含蓄了。花丛顺着身体走势由近及远、由左向右地铺开，呈现明显的画面纵深感，右上角伞下的阴影作为画面中最重的色块出现在斜线末端最高点位置，使整个画面达到一种稳定的舒适感。

颜色呈现

原画作整体以黄绿色为基调，白色作为主体以大色块的形式出现，并将焦点落在女人的脸部以及帽子上。

作品选用花烛作为主花材，一是由于它拥有特殊形态，看上去个性突出，引人注目，能够带来强烈的气势，能出色地担起主角的重任，同时又可以与四周簇拥的黄绿色配花配叶完成明暗对比的表达。

木绣球与配叶丛中若隐若现的一支花烛，恰似花丛中的一袭白裙，表现出原画作品中含蓄朦胧的意味。暗部处理选用深绿色配叶，配以造型灵动活泼的路路通与菝葜果，展现出生动丰富的暗部细节。亮部与暗部穿插跳跃，使整体结构更加丰满。

花艺形态与空间塑造

此件花艺作品以不规则三角形的构图方式展现。几朵白色主花构建起了主要框架，具有举足轻重的作用。大片深色叶材打底显得尤为浓郁厚重，几簇黄绿色木绣球作为主要色彩布置得恰到好处，优雅精致的银莲花头丰富了画面，增添了视觉亮点。右侧一簇白色的文殊兰，因它灵活生动的造型特点在整体作品中起到了画龙点睛的作用，如同跃动的音符般，更加丰富了层次与细节，充满空气感。

好的花艺作品绝不是大量花材的堆砌，而是要学会适度留白，还原鲜花最自然的样子，体现出它们最真实的样貌。在结构紧密、丰满，又层次分明的整体布局中跳脱出一两支线条优美的花，架构出了一定的延伸空间，既表现出一种生命力，又将原画作中轻松愉悦的感觉淋漓尽致地展现了出来。

02 花艺表达 — 暖雨夜

Poplars, Autumn, Pink Effect
白杨树，秋天

克劳德·莫奈（Claude Monet，1840-1926 年）
93cm×74.1cm 布面油画 费城艺术博物馆藏

《白杨树》是法国印象派画家莫奈
在 1891 年所作的系类画作的统称，
画作的主题均为艾普特河畔的白杨树。
他常常在不同的时间和光线下，
将同一景象绘出完全不一样的感觉，
从自然的光色变幻中抒发瞬间的感觉。

暖雨夜

设计师：夏生
来自：元也花艺

Flowers & Green
洋桔梗、玫瑰、铁线莲、菊花（干花）、
翠珠、蔷薇果

构图

　　画面采用了垂直线式构图，一方面强化了树木直立的线条，另一方增加了树干在画面上下方向产生的视觉延伸感，让树木显得更加高大与挺拔。此外，近景树与远景树的对比将画面空间拉远，近景的树将画面垂直切分，远景的树近大远小地排成一排，向着远方延伸而去。从波光荡漾的水面到河岸线的草丛，再到岸边笔直的杨树树干，再到远景的树以及更远处的风景，空间感和层次感被表现的淋漓尽致。

色彩

　　莫奈将这一幅秋日的白杨图绘成了暖暖的粉紫色调，明朗而温柔，充满梦幻的色彩。天空是纯净深邃的蓝色，远方的树是温暖耀眼的粉金色，纤细而又笔直的树干在湖边默然静立，被阳光染上了一层金色，它们的影子倒映在镜子般的湖面，清风吹过，一池湖水泛起层层涟漪，于是，树木在水里灵动起来，蓝天在水中的倒影变成了淡淡的青绿色，岸边的青草绿中夹杂着温柔的紫，完美地诠释了暗部色彩表现。

从波光荡漾的水面到河岸线的草丛，
再到岸边笔直的杨树树干，
再到远景的树以及更远处的风景，
空间感和层次感被表现的淋漓尽致。

这幅画的精妙之处主要体现在它迷人的色彩、
光和影的表达

色彩与质感呈现

　　这幅画的精妙之处主要体现在它迷人的色彩、光和影的表达。原画作整体以暖粉色为基调，渐变的通透的蓝色作打底。我们可以从中提取蓝、粉、淡紫、浅黄、草绿等色彩，去进行花艺创作。

　　主花材选用粉色系洋桔梗，其色彩有明有暗有深有浅，花瓣层叠，可以表现出极为丰富的层次感。

　　原画中的暗部即河岸线的草丛是用绿色和紫色去表现的，与阳光下的暖色调形成鲜明的冷暖对比，在花艺作品中，淡紫色小玫瑰和铁线莲及其绿色叶子所呈现的气质淡雅清新，既可以很好地表现作品暗部，又使暗部色彩通透而不厚重。

　　左下方黄菊干花衬托在底部，色彩质感清雅质朴。花艺作品的亮部选择白色洋桔梗、淡蓝色翠珠、香槟玫瑰去做造型，加入两支淡紫色铁线莲与右侧的铁线莲相对应，让色彩布局显得更为连贯，橘黄色蔷薇果和多头玫瑰的的点缀，呼应了原画中在阳光下闪耀着金橘色的树干。

形态与空间塑造

　　原画作品在和谐统一的色调中包含着丰富的空间层次，在花艺创作中我们试图去营造更多更丰富的层次效果。

　　色彩的层次和空间的层次不是单独存在的，要将它们有机结合，例如白色、橙色的亮部和灰紫色的暗部的花对比便能成功地塑造出花艺作品的空间感，而不会使作品显得杂乱无序和平面化。

　　图中的花艺作品采用一个新月造型，以颜色较为浓重的暗粉色洋桔梗为焦点花，围绕焦点向两端延伸，体现一种自然向上的生长状态。在结构紧密、层次分明的整体布局中，选几支姿态优美的翠珠和铁线莲去做线条，既表现出一种生命力，又将愉快明朗的感觉完美地展现出来。

03 花艺表达 — 静水边

water lilies
睡莲
克劳德·莫奈（Claude Monet，1840-1926 年）
布面油画

《睡莲》是莫奈晚年最为重要的系列作品，
也是印象派的史诗级作品。
创作《睡莲》时，莫奈的画技已经炉火纯青，
光的多变、水的柔情、睡莲的多姿，
在他的笔下变得更加鲜活起来，
他将水与空气和某种具有意境的情调结合起来，
就这样产生了《睡莲》系类画作。

静水边

设计师：夏生
来自：元也花艺

Flowers & Green
洋桔梗、玫瑰、跳舞兰、小蔷薇、铁线莲、
须苞石竹、蝴蝶兰、翠珠、牵牛花、枫

这个时期的莫奈
不再以清晰的透视画法绘图
而开始注意颜色
纹理及环境效应等元素
在此过程中形成了一个
更为抽象的创作风格

构图

　　这个时期的莫奈，不再以清晰的透视画法绘图，而开始注意颜色、纹理及环境效应等元素，在此过程中形成了一个更为抽象的创作风格。画面布局依照水中睡莲的生长位置和留白部分的水面展开，大致呈现一个"S"形，漂浮的睡莲叶一团一团以组群方式呈现，每一组叶片也有聚有散。

色彩

　　整幅画面以绿色为主色调，色彩清新明快，充满活力。在描绘睡莲时采用了不同的色彩层次和笔触力度，不拘泥于传统的绘画笔法，摒弃了具象的轮廓和形态，几点粉红、浅橘、橘红便将睡莲的意境表现出来了。画中夹杂着一丝淡蓝色的白似水中云影，与团团绿色的倒影交汇融合，展现出一股气的流动。

色彩与质感呈现

在花艺表达中,根据原画作品中所呈现的绿色调,去表现一组绿意盎然的花艺作品。原作画面的色彩大体上呈现由绿到白逐渐过渡的趋势,远处是片片绿色的倒影,近处多是宽敞的浅色水面。

表现在花艺色彩的整体布局中,可以按从下往上由深至浅的方式,既有了舒服的过渡,又可以使作品的视觉重心更加稳定。

我们选择一件透明玻璃花器,用鸟巢叶去铺底遮掩花泥,可以得到一个看上去非常晶莹剔透的水绿色花瓶容器。使用大片的绿枫叶往下压,可以很好地遮挡花泥,同时也作为作品中最重的色块让整体看起来更加沉稳平衡。选用色彩明朗干净的洋桔梗、香槟玫瑰,作为亮色块去填充,与绿色叶片产生强烈对比,制造视觉焦点。黄色的跳舞兰、小蔷薇和淡紫色铁线莲虽作为点缀,但显得十分必要,如同原作中看似随意的几抹粉红,不经意间让作品活了起来,同时黄色紫色也作为小面积的互补色出现,活跃了整体气氛。

形态与空间塑造

这件花艺作品表现的是一个直立向上的自然风格造型,给人以生机勃勃、努力生长的感觉。

自然风格的重点是要表现植物自然生长的感觉,它们会受向阳性或地心引力的作用而呈现向偏侧或向下弯曲生长的姿态。我们在这里假设一个左上方的太阳光,使朝向左上侧的花头更多一些。整体空间的塑造是层层递进、自然过渡的。

将大片叶材压底,焦点花位于整体造型下三分之一位置,中间部分多用玫瑰、洋桔梗、须苞石竹等块状花材填充表现,上部以及四周多使用蝴蝶兰、翠珠、牵牛花藤等线性花材可以去营造一种流动感和空气感,表现原画中水与空气交融流通的意境,最顶端用一支白绿色的掌支撑起作品上部的结构,它微倾的尖头造型也突出表现了作品的向阳性。

04 花艺表达——暮春微云

The Allee du Champ de Foire at Argenteuil
阿尔让特伊的林间小路
克劳德·莫奈（Claude Monet，1840-1926年）
布面油画

阿尔让特伊是巴黎近郊的一个风景优美的小村庄，
莫奈与他的第一任妻子婚后搬到了这里生活了六年。
那时候他们的生活虽然并不富裕，
但始终过着眷侣般的生活，
他们住的屋子周围，
放眼过去全是绿色，还有着遍地的野花，
真爱、阳光、草地、花香，给了莫奈许多灵感，
他的很多风景画都是在这里完成的。

暮春微云

设计师：夏生
来自：元也花艺

Flowers & Green
木绣球、蓖麻果、尤加利叶、山茶花、
铁线莲、菊花"冰岛轮锋菊"、虞美人（皆为仿真花）

构图

　　画面采用垂直式结合一点透视法构图,充分显示了树木的高大与景深。垂直的树干与树影所形成的美丽的角度,表达出光的倾泻,体现了一种和谐的美,给人一种宁静平和的感受。在画面正中的远处,隐约可见一位妇人的身影,我们看不清她的面孔,只是几笔蓝就勾画出了她的动态,这是整个画面的视觉焦点,一方面使林间小路瞬间多了一丝生活气息,另一方面渺小的身影与偌大的森林形成了强烈的对比,更展现出自然之大与勃勃生机。

色彩

　　这是一幅绿意盎然的作品,在盛夏时光里,在晨曦照耀下,在一片片的绿色中,我们能看到阳光的轻微颤动和色彩的微妙变化。最精彩的部分是对于树的色彩表现,整个画面从近到远,色彩明度越来越高,近景处两侧的深色树干和深绿色的树叶作为最重的颜色压住了画面,与纯度较高的嫩绿和黄绿色形成鲜明对比,使前景树的视觉感更加立体。中景处阳光透过树丛洒在草地上,留下温暖的黄色光痕,树冠底部在草地阳光的反射下呈现黄绿色,阴影处又夹杂着冷绿色。远处的树是饱和度较低的粉绿,直到画面消失在一片明度较高的蓝黄之中。

色彩与质感呈现

根据原画的色彩，毫无疑问我们选择绿色来作为整体花艺作品的色彩基调。绿色是色环上最为平和的颜色，但如果作品中完全只有绿色则会显得过于平淡而且生涩。这组餐桌花设计选用的是仿真花，用黄绿色木绣球和绿色的蓖麻果、尤加利叶等做搭配呈现出作品的基本色调，各种明度、纯度不同的绿色花材还原了画中各种深浅不一、冷暖微妙变化的绿。在不破坏柔和的绿色调的基础上，选用香槟色山茶花、白色铁线莲、白色木绣球等这些跳动而不浓艳的颜色搭配，可以让整体氛围更加活跃。同色系或者同种花材要调整好节奏，以组群的方式有序地分布在作品中，不要太过于均匀。

像虞美人这类较为轻盈的花头，
可以作为伸展出的线条，
打造出负空间的层次。
铁线莲的叶子是很好用的线性花材，
可以为作品营造出一些向下的垂坠感，
使作品更加灵动自然。

形态与空间塑造

参照原画中的一点透视法，这件花艺作品也是以花泥位置作为中心点向外呈放射状的方式展开，带来舒适造型感。①要定出作品的大致宽度和高度，用几支主花将大框架打出来，要注意花艺作品是可以四面观的，要保证前后左右厚度一致。②在框架的基础上添加内容，山茶花、铁线莲、冰岛轮风菊、虞美人、白色木绣球等花头大小和花形的对比，以及它们之间的高低错落，营造出了丰富的层次感。

像虞美人这类较为轻盈的花头，可以作为伸展出的线条，打造出负空间的层次。铁线莲的叶子是很好用的线性花材，可以为作品营造出一些向下的垂坠感，使作品更加灵动自然。

05 花艺表达 | 花火

Rowboat on the Seine at Jeufosse
塞纳河上的小船

克劳德·莫奈（Claude Monet，1840-1926年）
布面油画

这是一幅塞纳河的风景画，
画面洋溢着热烈的色彩，
天空、河岸、树丛、倒影、流水，和谐地统一在画面中。
塞纳河是莫奈最爱的地方，
他曾说：
"我一生都在画塞纳河，每一时刻，每一季节。
我从未对它厌倦，对我来说塞纳河一直是新鲜的。"

花火

设计师：夏生
来自：元也花艺

Flowers & Green
龟背竹、天堂鸟、圆叶尤加利（皆为干燥花）

构图

　　画面采用"C"形构图方式，山与天空，和水中倒影相连组成了一个上下几乎对称的"C"形。虽没有直线给人的视觉感觉强烈，但弯曲自由的线条可以产生一种柔和、有机、自然、动感的效果，仿佛有一股力量让画面"流动"起来，给人更加舒适、放松。在画面的黄金分割点位置，一艘小船悠闲地徜徉在河面中央，为画面加入了一丝生气。

　　这幅画的笔触非常明显，而且变化丰富、有松有紧、张弛有度。对于河水和天空的描绘，莫奈使用了朝着同一方向的条状笔触，而对于两岸植物的描绘，则用了多次挫、揉的笔法，使其显得更为厚重，体块感更加强烈。曲线构图结合线条感强烈的笔触，让光影悦动的这一瞬间永远留在了人们心中。

色彩

　　整幅画面以棕红为主色调，天空以及天空在水中的倒影连接形成画面中的浅色块，山上的植物以及水中的倒影是色彩浓重的，两者形成了强烈的明暗对比和冷暖对比。近景河岸的草绿色和山上植被的棕红色虽然互为补色，但二者的色彩明度并不高，这种较为缓和的互补色对比既让画面更加生动，又获得相对平静的视觉效果。

色彩与质感呈现

原画的红棕色调与强烈的线条状笔触结合营造了一种秋风萧瑟之感。在花艺表现中，我们选用了三种干枯的叶材：龟背竹、天堂鸟、圆叶尤加利，去表现整体造型。棕绿色的条状天堂鸟叶呈现出作品的整体基调，棕色枯萎的龟背压底使作品色彩更为沉稳，枯叶橘色的圆叶尤加利打造了作品的视觉焦点，平衡、活跃了整体氛围，使整体色调不会过于沉闷。相比于新鲜花材，干枯的叶子所呈现出的质感是更胜一筹的，叶脉的褶皱、整体形态结构等凸显得更加清晰。这种肌理感，将原画暗部处厚重、层叠的笔触很好地表现了出来。

这幅画的笔触非常明显，而且变化丰富、有松有紧、张弛有度。对于河水和天空的描绘，莫奈使用了朝着同一方向的条状笔触，而对于两岸植物的描绘，则用了多次挫、揉的笔法，使其显得更为厚重，体块感更加强烈。

形态与空间塑造

　　此件花艺作品汲取了原作中曲线构图的灵感,以各种不规则的"C"形展现。几支天堂鸟叶片构建起了主要框架,叶片干枯后呈现出自然的卷曲状是一大亮点,虽然少了一分轻巧灵动,但线条感更加强烈,形态更加铿锵有力,与画家充满激情的笔触如出一辙。

　　同时,对于叶片的布局,要有松有紧、有疏有密,在这件花艺作品中,瓶口上方的重心处各种植物叶片的堆叠、穿插是比较密集的,延伸到上方以及两侧,单支叶材的形状则更加凸显,营造出非常漂亮的负空间。

06 花艺表达 — 聚合物

The Flood
洪水

克劳德·莫奈（Claude Monet，1840-1926 年）
布面油画

1870 年代是莫奈开始印象派创作的重要十年，
那个时期由于普法战争刚刚结束，经济萧条、物价飞涨，
很多穷困潦倒的艺术家包括莫奈、毕沙罗等
都移居到巴黎近郊的塞纳河畔的那些乡村小镇居住。
由于地势水系的原因，在 19 世纪六七十年代，
塞纳河处于巴黎盆地的这一段几乎年年洪水泛滥，
这幅画描绘的便是洪灾的场景。
然而，在印象派画家莫奈的眼中，
洪水泛滥带来的竟然是另一种水色天光。
那时候，莫奈刚刚迎娶了他的第一任妻子卡米勒，
这是莫奈一生中最快乐的时光。
我想莫奈之所以可以把洪水泛滥之景画得如此平静祥和，
大概是与他的心境相关吧。

聚合物

设计师：夏生
来自：元也花艺

Flowers & Green
凤尾鸡冠花

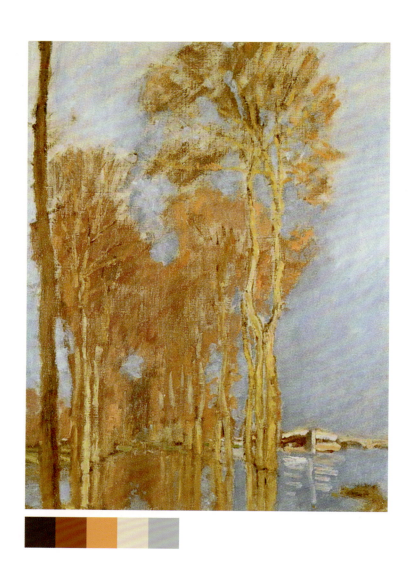

构图

画面采用了垂直线式构图,结合了一点透视构图法,一方面强化了树木直立的线条,另一方增加了视觉延伸感。两排白杨树由近及远排成两排,向着画面深处延伸,画面最左侧一根树干纵穿画面,右侧最近处的树干又是比左侧稍远些的树干看上去要高出很多,树木的远近高低的布置加强了透视效果,也增加了画面节奏感。平静的水面上是笔直树干和远处房屋的倒影,依稀可以看出被水淹没的小路,一直延伸到远处的村庄。在这里,颜色虽然简单,但空间感和层次感被表现的淋漓尽致。

色彩

整个画面纯净得只剩下了两种颜色,天空是大面积的淡蓝,泛着一点灰,又夹杂着些许白、黄,也不见大片的云朵。两排白杨树直直地挺立着,在秋日的阳光下泛着金色的光,树冠、树枝、树干分别呈现出不同的金黄色。水面波平如镜只有些许涟漪,安静地映衬着天空和树木的画面……一切都笼罩在一种秋日午后的祥和中。若不是因为画的标题,或许很容易被观画人误认为是水乡风景了。

色彩与质感呈现

我们由原画描绘的主体物——被秋日阳光染成金黄的的白杨,去寻找创作素材,最后选了黄色的凤尾鸡冠花去表现原画中的场景,像秋日层林尽染的白桦林,又似麦田上金黄色的草垛。花材色彩鲜艳热烈,花穗丰满,形似火炬,用在花艺创作中可以表现油画中笔触的厚重感。虽然色彩单一,但穗状的结构在光线照射下可以产生丰富多变的颜色深浅明暗变化。浅卡其色的陶罐作为花器中和了过于热烈的色彩,让整体色调更加朴实自然、沉稳耐看了。

形态空间塑造

这是一组自然随性的放射线造型的花艺设计,只用很少的花材和简单的线条便可以体现出高级感。没有各种主副花材的搭配;没有色彩、不同花型的对比;也没有丰富叶材的陪衬,只是单纯利用花艺造型结构去表现,反而能创造出一个更加纯粹的风格。

作品呈单点放射状的"L"形,花枝基本上互不相交,借鉴原画中高耸的白杨树造型,用几支长枝去表现表现挺拔向上的感觉,几支向左右方的水平方向延伸。补充的短花枝偏向左上、左下等各方向,营造出疏密感。花头之间的大小对比使花艺造型有趣生动,充满张力,让人一见倾心。

07 花艺表达 | 流光

water lilies
睡莲
克劳德·莫奈（Claude Monet，1840-1926 年）
布面油画

《睡莲》系列是莫奈的巅峰之作，
这是他一生情感积淀后的结晶，
表达了他对大自然炽热的爱恋。
夕阳照耀下的水面慵懒地流动着，
泛起的层层水波似乎停留在了这一瞬间。
傍晚的天空投向水面，就连夕阳也一起跳入水中，
散开了，
岸上植物的倒影、云层，
都被湖水吸引、融化，
绿色的睡莲叶也渐渐蒙上了灰色，
在这各种元素相容的空间里再也没有距离，
色彩相互融合、凝固，变成了永恒。

流光

设计师：夏生
来自：元也花艺

Flowers & Green
跳舞兰（皆为仿真花）

色彩

　　整幅画面以黄色为主色调，暗部的棕褐色夹杂着绿色和红色，洋溢着热烈的、温暖的情感。水面在鲜黄、橘黄和朱砂色彩的烘托下，像是一团燃烧着的火，在睡莲云间扭曲上升，呈现出一片激情燃烧的梦幻世界。在这里，没有睡莲，只有一个个灰暗的小圆盘，时有明亮的色彩使它们凸显出来，在这里，也没有形状和轮廓，只有被画笔捕捉到的光和色彩。

空间与笔触

　　在这幅画中，莫奈运用了一些简单的透视法来表现空间，我们可以通过睡莲的叶面和水面的宽窄变化去感受空间的拉远和延伸。画中的笔法完全不受拘束，弯曲的、强劲的、长条的笔触自由洒脱，像是旋风一般，让画中风景充满无限的欢快与生命的律动。线条轻轻划过，不经意间绘出了水面的波纹和倒影，横向的厚重的笔触堆积，一片片睡莲便在水中漂浮了起来。

形态塑造

莫奈的这幅《睡莲》最让人难忘的便是这如火焰般的夕阳下的水面，熊熊烈火逐渐上升、蔓延，点燃了整幅画面。所以我们从中汲取灵感，表现这样一件具有很强的生长力与蔓延感的花艺作品。在这件作品中，没有固定的花艺技巧与设计法则，只是依据灵感去自由地创作，一气呵成。

花材的选择是很重要的，跳舞兰具有很强的线条感，可以很好地去表现作品的灵动与层次，而且单一花材的重复使用更容易营造出气势感。在这件作品中，我们选用的是跳舞兰仿真花，利用它自然的生长走向和弯度去表现整体造型，从左下到右上，让花枝线条朝同一方向逐渐蔓延，将原画中弯曲强劲的笔触更加夸张地表现出来，又如一阵狂风吹过，花枝弯了头，如瀑布般向风的方向倾泻而去。

色彩呈现

原画整体呈现出的是棕黄色调，暗处是棕红夹杂着一些绿，亮处是明黄加了些红与白。经过简化、提炼，我们选用色彩纯度较高的明黄色花材去表达花艺作品。

黄色的色彩情绪是温暖的、热烈的、充满激情的，人们见到黄色，会容易联想到太阳、火焰等物像，黄色的跳舞兰花朵中隐约穿插展现出嫩绿色的枝条，巧妙的中和了大片的黄色所产生的躁动感。深棕和浅褐色的背景衬布与原画中色彩保持一致，使整体空间氛围更加沉稳深邃，又将黄色花朵衬托得更加鲜艳明亮。

Edgar Degas

画 与 花　　德 加

埃德加·德加（Edgar Degas，1834-1917年）印象派重要画家。他出身于金融资本家的家庭，祖父是个画家，他从小就生长在一个非常关心艺术的家庭中。

中学毕业后，德加报考了美术学校，在意大利学习意大利的艺术，特别是文艺复兴时期的艺术。与此同时，他又在让-奥古斯特·多米尼克·安格尔（Jean-Suguste Dominique Ingres，1780-1867年）的一位得意门生路易·拉莫特（Louis Lamott）的画室里学画。

Walt for Afternoons	芭蕾课	Classe de Ballet
明不起来的清晨	粉红色和绿色的舞者	Dancers, Pink and Green
韶光岛屿	倾斜的舞者	Dancer Tilting
牧神的午后	舞台上的舞女	Dancer on Stage
秋夕	降下帷幕	Lowering the Curtain
温柔	舞蹈考试	The Dancing Examination

08 花艺表达 | Wait for Afternoons

Classe de Ballet
芭蕾课

埃德加·德加（Edgar Degas，1834-1917年）
81.6cm×76.5cm 布面油画 美国费城艺术博物馆

德加关于芭蕾课的绘画有很多，
这幅画中的主角，
例如在右上角看起来像老师的男子
就曾出现在他其他的《芭蕾课》中。

Walt for Afternoons

设计师：夏生
来自：元也花艺

Flowers & Green
花毛茛、洋桔梗、绣线菊、向日葵

构图

　　德加对形体和结构的敏感在这里表现出来：右边舞者和女子的姿态构成了相对稳定的开口三角形。三角形构图的左边线处，发色与裙子的暗部几乎相连接，这是画面最重的暗部。这处暗部被安排在了视觉中心附近，起到了稳定的作用。

　　这种重点色配合画面左部区域的空旷，形成了构图上空间的指向性，令画面构图具有流动的气场。右下角指向左上角舞者的柔软的手臂极富动态，浪漫而古典感。色彩轻-重、构图空-满、形体曲-直，在画面空间的气场流动中"静""动"互相配合并不逊色舞台上的芭蕾表演。

色彩

　　整幅画面以黄色为主色调，右下角女人的深蓝色长裙产生小面积的对比丰富了画面。分布于边缘的小片橘色、紫色、绿色为主色调强势的画面增添了一些活跃的气氛。

笔触呈现

　　原画作采用的是比较细腻，偏传统的笔触塑造了形体。身为印象派画家，这种柔和的笔触仍融合了标志性的"点彩"形式。在细微处，每一笔色彩之间的并置关系柔和地表达出来，点状、拉长的笔触清晰可见。

　　对于德加的这种介于古典和印象派之间的笔触，人物外形塑造明显的绘画，我们可以多选用花型简单、花瓣细碎或层数较多的花材进行表达，如花毛茛、洋桔梗、绣线菊等单头品种，间隔运用一些单瓣花材（如百合），甚至可以加入星点状花材进行调和。

德加的这种介于古典和印象派之间的笔触，
人物外形塑造明显的绘画，
我们可以多选用花型简单、花瓣细碎或
层数较多的花材进行表达，
如花毛茛、洋桔梗、绣线菊等单头品种，间隔运
用一些洋桔梗、百合，
甚至可以加入星点状花材进行调和。

颜色和材质的转换

不仅可以运用花材本身的颜色和用色比例对画面进行表达，各种花材在经过不同处理后呈现的质感和颜色不仅可以丰富花艺作品的质感，而且油画本身或柔和或激烈的笔触也可以通过这些处理进行呈现。

如花艺作品所示，对于原画暗部处多褶皱和顿挫的笔触，花艺运用了干枯的向日葵进行表达。向日葵细碎的花瓣在干枯后呈现的是棕黄色，且线条较新鲜时更加曲折、硬直、顿挫感更强烈，十分贴近原作暗部的表达，也与周围鲜活的花材形成对比。点状区域的舞者形态，原画多运用的是长而柔和又婉转的笔触进行塑造。花艺作品则选用了花型较小，茎秆曲线形态强的花毛茛进行表达，将舞者温婉的四肢曲线展现的淋漓精致，又将画作中透亮的部分用花材颜色和质感进行了体现。

结构表达

原作的构图形式可以启发我们进行花艺设计，但不能限制我们的创作。此瓶花设计将主要的构成元素即暗部、两块对舞者的塑造以及空间的指向性都保留下来并重新进行了构成，右边的小块舞者表达区域基本保持不变，但是将暗部的大曲线形态穿插至柔软的左上角舞者表达区域，进行了适合瓶插花的改变。

不仅可以运用花材本身的颜色和
用色比例对画面进行表达,
各种花材在经过不同处理后呈现的质感和
颜色不仅可以丰富花艺作品的质感,
而且油画本身或柔和或激烈的笔触
也可以通过这些处理进行呈现。

09 花艺表达——明不起来的清晨

Dancers, Pink and Green
粉红色和绿色的舞者
埃德加·德加(Edgar Degas，1834-1917年)
82.2cm × 75.6 cm 粉彩画

芭蕾是德加最中意的绘画题材，
无论是演员们的训练、台前、幕后，
压腿、穿鞋、舞动、谢幕、还是化妆室里疲惫的身影，
德加用细致的观察和悦动的笔触捕捉光影下的舞蹈世界，
每一刹那的优美都逃不过德加的眼睛。

明不起来的清晨

设计师：夏生
来自：元也花艺

Flowers & Green
龙胆、郁金香、矫娘花、大米花、木槿花、木绣球、凤尾、吊兰、蛾虫草

构图

　　这幅作品描绘的是舞者们在台下准备上场时的场景，舞者们的姿态不一，有的在调整衣衫，有的在整理发饰，有的似乎是在低头思考调整状态，在德加看来，表现那些直接能观察到的生活场面才有意义，才能将生活中蕴藏着的艺术美挖掘出来。画面运用了多个三角形结合竖向线条的构图方式，增加了画面的稳定感。画中的远景似乎是灯光绚烂的舞台，台上的表演者们与幕布、灯光甚至是更远处的观众席融合成了大面积的金色色块，与前景形成了强烈对比，近暗远亮、近实远虚、近冷远暖的画面设计拉开了空间。

色彩

　　德加早期的绘画中遵循古典绘画褐色调背景带来的空间感。到了印象派活跃时期，他开始关注具有更强视觉冲击力的互补色。可以说绿色系是他的御用色，在此幅画中，草绿色的草地、湖绿色的裙摆，与衣裙上部的橘红色形成了强烈的对比，虽然舞者动作不大，但这种色彩互补让我们仿佛要观看一场精彩的表演那样激动。

色彩呈现

　　原作的颜色吸取的是从湖绿色到橙色的连续过渡的色环区域。在花艺创作中，我们提取了其中两种主要色彩：橙色和绿色，再用白色和淡粉色龙胆、郁金香、娇娘花以群组的方式提亮整体，还原画中舞者皮肤的亮色区域。

　　深红色松虫草吸取了舞女柔发中的栗红色，增强了色彩的对比，也丰富了暗处的细节。淡蓝色大飞燕草的加入使得整体色彩更为丰富，虽放置在边缘处作为陪衬，但巧妙地中和了作品中过多的暖色，也使其他花材的色彩对比过渡显得更为柔和。

笔触和材质的表达

　　德加的笔触多种多样,放射状的直线条勾勒出芭蕾舞裙摆的优美,舞者形体动势的转折关系则用色粉笔的尖头勾画出轮廓线或浓重的阴影强调出来,脸部、身体以及背景,用色粉笔的平头轻轻地擦出淡淡的、模糊而柔和的半透明效果。

　　在花艺表达中,我们选用花瓣层次丰富的橙色木槿花、波浪龙胆以及浅绿色木绣球的干花来表现画中厚重的肌理感。在中上方位置选用一组新娘花,半透明的浅粉色花瓣轻盈飘逸,像羽毛,像纱幔,层层叠叠又像婚纱,使整个作品层次更加丰富。

　　完全绽放的白色郁金香轻盈地探出头,两支盛开的大飞燕活泼悦动,再配以线条状的鼠尾草、千叶吊兰,活跃了整体氛围,增添了作品的空气感。

10 花艺表达 — 韶光岛屿

Dancer Tilting
倾斜的舞者
埃德加·德加（Edgar Degas，1834-1917年）
69.2cm × 51.8 cm 粉彩画 私人收藏

德加对于绘画语言的探索
跳出了传统单调的中心透视和古典用色，
用倾斜创造动态，
用亮丽的颜色和强烈的对比色增添视觉冲击力。
他突破了舞女绘画僵化的传统模式，
赋予其新的生命与活力，
让悦动的身姿更加鲜活。

韶光岛屿

设计师：夏生
来自：元也花艺

Flowers & Green
铁线莲、虞美人、铁筷子、花烛、文珠兰、郁金香、珍珠金合

色彩

　　这幅作品最大的亮点在于它轻快明亮又如烟花般绚烂的色彩，总体色调为黄绿色。旋转跳跃间，远景的其他舞者们与舞台、幕布、灯光融为一体，青橙黄绿交织混合，冷色的阴影部分与在灯光下呈现出高饱和度的黄绿色裙摆形成了强烈对比，拉开了空间感。舞者胸前以及双臂的皮肤在灯光下呈现出带有光泽的暖白色，优美的舞姿跃然纸上。

色彩与材质的呈现

　　画中所绘的舞蹈女孩是灵动的、轻快的、雀跃的，我们在花艺表现时要抓住这一感觉，首先确定作品的整体基调、风格以及氛围，我们定位在清新、明快的自然风格上。

　　根据德加的这幅舞女作品所呈现的色彩，我们从中提取了黄、绿、白三色来表现花艺，整体用绿色叶材打底，铁线莲叶子穿插其中，构成了绿色块。选用白色的虞美人、铁筷子等作为主要花材，铁线莲、花烛、文殊兰等作为副花材，白色郁金香、黄色的珍珠百合、绿色果实类花材作为补充花材。

　　几支白色主花与配花按聚散方式分布，色块明朗清晰，富有节奏感。玫瑰金花器的选用不仅呼应了原作中的色块，而且中和了黄绿白色花材所带来的生冷感觉，柔化了整体色调，使视觉感更加舒服。

> 几支白色主花与配花按聚散方式分布，
> 色块明朗清晰，富有节奏感。
> 玫瑰金花器的选用不仅呼应了原作中的色块，而且中和了黄绿白色花材所带来的生冷感觉，柔化了整体色调，使视觉感更加舒服。

结构空间表达

  参照原作中对角线式构图,在花艺作品整体空间采用斜线交叉式的构图方式。倾斜的构图方式更能创造动感,更具有视觉冲击力。我们可以看到几支白色主花材分布在对角线位置,相互呼应,两支白色的花朵延斜线方向探出头去,制造了一定的空间延伸感。

  最大片的花烛压在最底部,一方面遮挡了花泥,同时也使构图更具稳定性。最精彩之处是一串铁线莲叶子自然下垂,打破了原本规整的外轮廓线,使整体造型呈现出一组优美的黄金螺旋线。我们可以看到,整件花艺作品造型轻快优雅灵动,如同画中姿态优美、翩翩起舞的舞者,散发着青春的气息和迷人的光芒。

11 花艺表达——牧神的午后

Dancer on Stage
舞台上的舞女

埃德加·德加（Edgar Degas，1834—1917年）
28.4cm×42cm 粉彩画 法国巴黎奥塞美术馆藏

德加出生于法国巴黎，
从小受到身为画家的祖父的影响，
十分喜爱艺术，他不但崇尚古典主义素描，
对物体的形态、线条、明暗关系的变化也十分敏感。
德加的绘画在包容了印象派某些装饰性处理、
张扬感的笔触的绘画方式的同时，
还加入了自己对于明暗、光影的理解。
自19世纪70年代初期，德加对芭蕾开始着迷，
他的芭蕾系列作品，因为强烈的光影关系，
极具舞台效果，
甚至有一种巴洛克时期卡拉瓦乔式的强光影戏剧性。

牧神的午后

设计师：夏生
来自：元也花艺

Flowers & Green
花烛、麦秆菊、茴香花、龙胆、乒乓菊、文竹叶、玉簪叶、橡树叶

色彩

　　这幅作品以在舞台灯光下翩翩起舞的芭蕾舞演员为主题，是德加乃至印象派绘画作品中最脍炙人口的佳作之一。绿色的地毯衬托着芭蕾舞裙的洁白，强烈的舞台灯光让舞女的纤纤细足和微仰的下颚变成明朗的粉白色，而她俏丽的面孔则被细致地描绘在淡淡的阴影之中。隐隐约约有两三个演员藏在背后金色的幕布里，金色的幕布又与仿佛是天空的背景并置，分不清前后。

构图

　　画作以俯瞰视角进行描绘，景的幕布和灯光早已融为一体仿佛是一笔金色的泼墨着于左上角，与右下的女主角形成对角线式构图。背景的处理笔触潇洒、收放自如、沉稳厚重却不失生动，与前景的细节刻画形成鲜明对比，透视在这里早已经弱化为画面服务，画面极具东方式的写意氛围。

色彩与构图

　　原作中主要使用了金色和白色作为主要色彩去表现内容，结合画面的整体色调及其所表达的氛围，我们选用橙色系与白色系花材去创作一件复古色自然系的花艺作品。

　　整体花艺造型参照原画作中对角线的构图方式，不同的是将远景的金色背景处理成为花艺造型中的主要视觉焦点了。

　　左上部分以橙色系花材为主，选用了亮黄色的麦秆菊、秋色橡树叶、茴香花以及枯焦的玉簪叶，不同形态邻近色花材的组合尽显了丰富的细节和层次，以群组的方式去表现一种自然生长的效果。

　　右下方主要使用了白色龙胆花，搭配一支乒乓菊，从生长点开始向下做延伸，干枯的玉簪叶以它独特造型穿插在其中，柔和了橙与白之间的过渡。

　　右上角搭配的墨绿色配叶丰富了暗部的细节，使整体色调更加复古、沉稳。

原作中主要使用了金色和白色
作为主要色彩去表现内容，
因此，我们选用橙色系与白色系花材去创作
一件复古色自然系的花艺作品。

笔触和材质的表达

　　原作中既有粗犷的笔触，又有细擦的线条；既有厚重的色块，又有轻透的细节表现。在花艺表达中，我们选用花瓣层次丰富的橙黄色麦秆菊来表现厚重的笔触感，秋色橡树叶和干枯的玉簪叶、白色花烛增添了复古气息，另外选用了茴香花、枯黄的文竹叶等雾状花材来增加作品中的虚实对比和空气感。白色的龙胆花瓣轻盈透亮、造型灵动，如同原画作中轻抖的白纱裙摆。

12 花艺表达——秋夕

Lowering the Curtain
降下帷幕

埃德加·德加（Edgar Degas，1834-1917年）
159.9 cm × 114.2 cm 粉彩画 私人收藏

德加一生中创作了大量以舞女为题材的画作，
尤其是自19世纪70年代初期，
德加对芭蕾开始着迷。
但令他着迷的不是舞女本身，
而是舞蹈的动态、颜色和光影，
他说——
"我关注的只是捕捉她们的动态，画出漂亮的衣裳来。"

秋夕

设计师：Ivy 林淇
来自：HeartBeat工作室

Flowers & Green
大丽花、小丽花、雏菊、风车果、薇薇果、星芹、枫叶、橡树叶

色彩

画面中间段的主体部分用粉橘和绿蓝色做对比,从上往下由浅入深。背景的冷绿色衬托舞者暖粉色的裙摆,裙摆边发散形的深蓝色花边和浅色裙摆形成强烈对比起到了形和色的强调作用。高纯度的小块面橘色的点缀让相对柔和的画面立刻跳跃起来。

构图

这幅画的构图新奇有趣,作者将三分之一幕布与台下的观众席用直线切分,用框景的方式对舞者进行生动的刻画。德加总是强调记忆作画,他的大部分画作都是通过记忆和默写的方式在画室里完成的,所以我们可以看到舞者形态是非写实性的,他们之间的手部动态互相穿插,带有一种古典的优雅美,也具有一种主观设计后的装饰性。

对舞台远处的舞者进行虚化处理,拉开了一定空间感。幕布和台下的平面化处理凸显了舞者柔软优美、细致立体的姿态,在这里我们能感受到修拉将画面元素间曲直,平面立体的对比发挥的淋漓尽致。

色彩呈现

原画以暖粉色调铺展开，加入了丰富的色彩，如流星般绚烂。我们在花艺表达中首先确定整体风格为暖粉色系的自然风，尽量使用不同花材去营造原画中绚丽的舞台效果。

主花材选用粉色大丽花、小丽花，副花材选用淡粉色雏菊等，去表现画中裙摆的色彩。再以风车果、蔷薇果、星芹等作为补充花材，增添更多小色块去做点缀。

对于叶材的考虑，吸取了舞台幕布和背景中的橙黄、粉绿等，选用暖红色枫叶、秋色橡树叶、黄绿色橡树叶，从左至右，由前到后穿插做渐变。同时，左上部浅粉和深粉色的小丽花与右下角的一组小丽花是呈对角线呼应的；后方的秋色树叶与穿插于前方的秋色树叶，以及深黄色的谷穗在色彩上也是呼应的。

层次表达

在花材品种繁多的情况下，要避免均匀分布各种花材，在花艺创作时，我们要注意层次的划分。可以利用组群、层叠的技巧，使层次看上去丰富而不乱。

例如，将三两枝粉色小丽花、粉色小雏菊等可以作为一个组群，因为它们同色系，质感类似，在整体作品中看上去便是有秩序的。我们可以使花头高低错落有致，使作品更具有立体感。利用伸展出的叶材、花枝等线性花材去增加作品的负空间，优美的线条会让作品更具自然的生命力。

13 花艺表达——温柔

The Dancing Examination
舞蹈考试
埃德加·德加（Edgar Degas，1834-1917年）
48.2cm×63.4cm 粉彩画 美国单弗美术馆藏

德加生活在近代社会的转型期，
作为上层社会的一员，
无疑会受到一些新思想、新科技的启发，
并使他在作品中得到了运用，
尤其是他作品中表现出来的自然主义倾向、
照相技术的应用以及开放式的构图特点。

温柔

设计师：夏生
来自：元也花艺

Flowers & Green
铁线莲、虞美人、银莲花

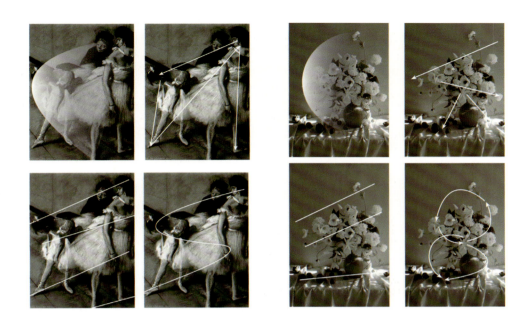

色彩

在这幅画中，黄色与白色成为主要色调，除了人物身后大面积的黄色背景，女孩的皮肤、裙摆、地面也都是被沐浴在一片暖黄色的光之中的，白色裙摆在画面中占据了很大的视觉重量，与黄色的对比充满活力。

作者在作品里所寻求的，早已不是局部色调和塑造体积感的方法，而是将传统绘画的精细手法与印象派在色彩上的新发现巧妙地结合在一起，使画面在色彩上达成了一种和谐、自然的效果，颜色使物体表面光彩熠熠，让舞蹈演员们轻薄透明的短裙闪烁着光亮。

构图

这幅作品的构图方式相比于传统绘画的构图方式来说比较特殊，它并没有将所描绘的主体全部展现出来，而是截取了局部，将动作细节更加清晰地展现。

画面呈三角式构图，我们第一眼会看到右上角的两个人物头部聚到一点，仿佛在交谈着什么，顺着二人视线向左下方延伸，我们看到最左侧的芭蕾女孩在弯腰整理自己的裙摆，顺着遮挡的裙摆向右，最前方的女孩低着头，仿佛在调整考试前的最佳状态。而三个部分又分为了前、中、后三层，这种构图使画面紧凑、连贯，看上去浑然一体。而两个舞者间的动作构成了连贯性，使画面充满了动感美。

原画中的构图以及人物动线可以启发我们去思考花艺创作中的造型以及线条设计。

笔触呈现

德加这幅作品的笔触比较清晰、细腻，使用了偏传统的笔触塑造形体，以不同的笔触方式塑造不同的结构部位。皮肤以及脸部描绘是细腻的笔触，对于裙摆的刻画，拉长的线状笔触清晰可见。

在花艺表达中，我们可以选择有明显的质感对比的花材，去表现多种多样的笔触效果。如花瓣密集丰富的木绣球花，一簇一簇呈块状，很有体量感，铁线莲、虞美人、银莲花等花瓣单薄轻盈，造型灵动自然，如同飘逸轻抖的裙摆。

颜色转换

在德加的这幅画中，主体刻画的是身着白色连衣裙的舞女，所以我们主要选择白色系的花材去表现，绿色配叶的穿插作为陪衬使整体摆脱了单调。

我们甚至可以在花艺布景上做文章，选择了黄色的背景，搭配浅褐色花器、桌布以及散落的水果等，巧妙地还原了画中的色块，烘托出画中的色彩氛围。

结构表达

原画中的构图以及人物动线可以启发我们去思考花艺创作中的造型以及线条设计。如分析图所示，从原作中我们可以找到很多动线以及结构线，通过对其加以调整、变化、打散、组合，可以得到新的结构线。

在局部表达中，伸展而出的长枝花以及线形叶材所呈现出的线条活泼、轻盈、雀跃，极具生命力，恰似舞者优美的身姿和抖动的裙摆，同时也为作品营造了更多负空间。

Vincent van Gogh

画 与 花　　　梵 高

文森特·梵高（Vincent van Gogh，1853-1890 年），荷兰后印象派画家。代表作有《星月夜》《自画像系列》《向日葵》系列等。

梵高出生于 1853 年 3 月 30 日荷兰乡村津德尔特的一个新教牧师家庭。早年的他做过职员和商行经纪人，还当过矿区的传教士最后他投身于绘画。他早期画风写实，受到荷兰传统绘画及法国写实主义画派的影响。1886 年，他来到巴黎，结识印象派和新印象派画家，并接触到日本浮世绘的作品，视野的扩展使其画风巨变，他的画，开始由早期的沉闷、昏暗，而变得简洁、明亮和色彩强烈。1888 年，来到法国南部小镇阿尔，已经摆脱印象派及新印象派的影响，走到了与之背道而驰的境地。同年与高更交往，但由于二人性格的冲突和观念的分歧，合作很快便告失败。此后，梵高的疯病（有人记载是"癫痫病"）时常发作，但神志清醒时他仍然坚持作画，1890 年 7 月，他在精神错乱中开枪自杀，年仅 37 岁。

流光　村舍、农妇和山羊 Cottage and Woman with Goat
绿野仙踪　橄榄林 Olive Grove
盛放的你　橄榄树和黄色的天空与太阳 Olive Trees with Yellow Sky and Sun
Fantasy　圣保罗医院的花园 The Garden of the Saint-Paul Hospital
5月6日　晴　玫瑰 Roses

14 花艺表达 | 流光

Cottage and Woman with Goat
村舍、农妇和山羊

文森特·梵高（Vincent van Gogh，1853 – 1890 年）
78cm × 64cm 布面油画 法兰克福市立美术馆藏

梵高在纽南时期创作了很多关于纽南的农舍、
林间小路、劳作的农民、编织工等主题的作品。
在纽南的两年时光中，
梵高产生了对农村、自然和朴素生活的热爱，
整个夏天，他几乎每天都待在田间，
与农民一起挖地、除草、播种、收获，
一起洒下汗水并分享喜悦。正因如此，
他画笔下的人物才充满生活气息。

流光

设计师：夏生
来自：元也花艺

Flowers & Green
花烛、橡树叶、枫香叶、榕树叶、芦苇

色彩

　　整幅画面色彩清新明快，以绿色为主色调铺底，点缀了黄色与些许的紫色、白色，女人的白色长裙在花丛中若隐若现，与白色帽子、阳伞一起作为大色块出现，占据了整幅画面的焦点。

构图空间

　　画面使用了中心构图法，使茅草屋、农妇、山羊这一组创作主体更为突出、明确，而且画面容易取得左右平衡的效果。农妇与山羊作为视觉焦点被放置在中间偏右的位置，屋边的鲜花和屋前的土地向镜头方向延伸，屋后的树木弱化了笔触的效果，融合在灰蓝色的天空中，整体画面虽饱和但同时也具有很舒适的空间感。

色彩空间呈现

在梵高的这幅画中,秋色是其整体基调,色彩上使用了褐色、赭红色、土红色、红色等邻近色来传达浓浓的秋意。在花艺色彩的整体呈现上,我们将最重的颜色放在整体造型的生长点处,可以用几支干枯的花烛以群组的方式去营造这个视觉焦点。另外,用秋色橡树叶、黄绿色的枫香叶在四周衬托并强调焦点的视觉效果。

视觉焦点除了需要焦点花以自身的造型去表现外,还可以通过一定的对比色来烘托,从而突出焦点位置。右下方黄绿色叶片的衬托中和了画面中过焦的颜色,从焦点向上延伸是由深红到黄逐步变浅的,我们选用了秋色的枫香叶、橡树叶、芦苇,以及几簇姿态别致的干支去表达。同时,干支、芦苇和同色的陶质花器也形成了对角式的呼应。

笔触质感表达

在梵高的这幅画中,我们感受到了他厚重的色块和细腻的笔触。在表达花艺作品中,我们选取一系列的干花花材去进行创作,以此来表现秋色之美。干燥的花烛所呈现出来的枯焦、褶皱的质感是极具表现性的,犹如厚重的油画笔触,再加上其条状的黄色花芯做对比,可以一下子抓住观者的眼球。枫香叶别致的造型以及层叠的组合方式,营造了局部的秩序感。右上方柔软的芦苇与硬朗的干支线条结合刚柔并济,带来一种野性凄凉的感觉,呼应了秋色的主题。同时,左上方的枫香叶与右上方的干支芦苇一深一浅,一实一虚,相映成趣。

在梵高的这幅画中,我们感受到了他厚重的色块和细腻的笔触。在表达花艺作品中,我们选取一系列的干花花材去进行创作,以此来表现秋色之美。

15 花艺表达 — 绿野仙踪

Olive Grove
橄榄林
文森特·梵高（Vincent van Gogh，1853 – 1890 年）
布面油画

梵高与莫奈的"抓住瞬间"不同。
梵高的绘画已经不再甘于止步写生和研究自然的光影，
而是依靠写生带来的对色彩和构图的体会
去重复表达同一个主题，以表现某种"印象"，
橄榄林系列便是，
其中这幅是他最满意的。

绿野仙踪

设计师：夏生
来自：元也花艺

Flowers & Green
非洲菊、玫瑰、大飞燕、常春藤

色彩

"你应该看看此时的橄榄树！叶子的古银色和泛绿的银色映衬在蓝色上……这种动人心魄的美让我不敢动笔，甚至不敢去想象。"橄榄树是梵高一直想画又不大敢下笔的题材，这种在圣经中就多次出现的植物在曾想当牧师的梵高心里一定有着不同寻常的地位。

"我想寻找一种遥远的感觉，就像经过时间冲洗的模糊记忆。画面只有粉色和绿色两种主调，彼此和谐，彼此中和又构成一种对比。"近处的土地是淡紫色的，远处是黄色的，与天空的淡粉色拉开距离又保持呼应；寥寥几笔勾勒画中人物的位置，他们身着蓝色、绿色的衣裙在有着古铜色的树皮和绿灰色叶子的橄榄林中忙碌。

构图

《橄榄树》的构图分为四个层次：近景土地、橄榄树、远处背景、天空。透视方向由画面右下方离我们最近的一棵树开始，微微向左上方延伸。画面正中间描绘的几个农妇占据了视觉焦点，正搭着梯子在树林中忙碌。在这幅画中，笔触和空间构图是密不可分的，他所有的笔触都是具有色彩延伸、空间变化，和方向的并且巧妙地将画面构图融合进来，让整体画面看起来非常整体舒服。

颜色呈现

这款餐桌花采用淡紫、淡黄、白色的花材，绿色的叶片相衬，展现出一片生机盎然。如原画一样，我们想要表达的是一种自然生活的舒适感，其间又透露着旺盛的生命力。

作品选择的大都是一些较为常见的花材，像非洲菊、玫瑰、大飞燕、常春藤等，没有鲜艳耀眼的色彩，也没有强烈的对比色，桌面柔软的卡其色布幔也是温柔的，衬托着花儿们的鲜活。淡紫色的花和小面积淡黄色的花形成了低饱和度的补色对比，让桌面布置多了一丝活泼。花瓣色彩浓重的百合是较为珍贵的进口品种，它们作为整体作品中最吸引人目光之处，也使整体色调更加沉稳耐看了。

空间造型表现

这组餐桌花艺呈现的是一股轻松愉悦的自然风，我们说过在表现自然风时要尽量去表现植物本身的自然生长之美，但在餐桌花艺设计中，在表现植物个体生长的自然美的同时，更要展现出的是植物自然组合的群体美，既要表现整体场景的美，又要展现细节的精致。大飞燕的串状花和玫瑰的圆形块状花形成了花型上的对比；大朵的非洲菊与白色小玫瑰间形成了大小的对比；大飞燕和非洲菊又产生了高低的对比；各种花朵的不同朝向，以及悬挂下垂的常春藤生机、灵动、活泼、柔软的线条，共同营造出一种繁花似锦、欣欣向荣之感……

16 花艺表达 — 盛放的你

Olive Trees with Yellow Sky and Sun
橄榄树和黄色的天空与太阳
文森特·梵高（Vincent van Gogh，1853 - 1890 年）
布面油画 美国明尼苏达州明尼阿波利艺术机构藏

这幅画是梵高离世前一年的作品，
也是他最知名的系列作品之一。
当时梵高定居在法国南部的一座小城，
那里有很多很多的橄榄树，
梵高沉醉于橄榄树的美，
希望通过画面的表现去成全他精神上的自我救赎。
他写信给弟弟提奥说，
他正奋力追赶"橄榄树"。

盛放的你

设计师：夏生
来自：元也花艺

Flowers & Green
'奥斯汀'、木槿、玫瑰、花毛茛、翠珠、
洋甘菊、大阿米芹

色彩

　　梵高在给弟弟的信中写道:"我刚刚完成了一幅风景画,那是一个长着灰色叶子的橄榄树的果园,虽然看起来有些像是柳树,深紫色的树影铺在洒满阳光的沙子上。"画面以邻近色黄绿为主色调,近处的河流和远处的高山用略带凉意的蓝紫色让画面流动起来,这种蓝紫色作为黄色的对比色,绿色的邻近色同时起到了活跃和调和的作用,增添了小范围的弱对比,让整个画面的对比度控制在小范围的淡雅气氛中。

构图空间

　　本幅画的构图可分为四个层次:土地、橄榄树、山脉、天空。画中的橄榄树虽然已被描绘的变了形,但依然可以看出一点透视构图,人们的视线随着黄土地一点一点向远方蔓延。太阳的万丈光芒向外扩散,洒向丛林大地之上,地上的橄榄树弯曲虬结,拔出地面,向着天空,向着太阳伸展。生动的线条、琐碎的笔触绵延不断,似乎表达着画家来自狂热内心的呼喊。此刻,整幅画面是流动的、奔腾不息的,而生命,也是循环不止的。

颜色呈现

根据原画的表达，我们从中提取了淡紫、橙、浅绿三种主要颜色去挑选花材进行搭配设计。橙黄色的'奥斯汀'玫瑰、木槿、花毛茛各自散发着它们独特的魅力，明朗的橙黄色，像是日出时温暖的太阳，亦或是清新可口的橘子汽水。

在它们和谐统一的色彩中，又有着微妙的变化，'奥斯汀'玫瑰的花色是渐变的，外面包裹了几层浅香槟色花瓣，好似少女裙沿的俏皮镶边，满开时露出的花心是嫩绿色的，即使是作品的细节之处也百看不厌。淡紫色的翠珠花作为点缀，让作品多了一丝浪漫气息，并与橙黄色主花形成了小面积的互补色对比，但这种对比来的很温柔，不会产生过于强烈的视觉刺激。大阿米芹的白色小花与绿色的茎整体看上去呈现出淡绿色块，巧妙地还原了原画中夹杂着白色笔触的灰绿色树冠。另外，作品中还用到了白色花毛茛、洋甘菊、淡粉色玫瑰等来中和其他鲜艳的色彩，花束看上去更加清新淡雅了。

造型表现

这是一束自然风花束设计，没有整齐的轮廓，没有刻意的造型，构建清新、别致，少了几分人为的感觉，一切都只追求自然二字。

但想要花艺设计达到自然效果也是要遵循一定法则与搭配技巧的，就像画中自由洒脱、热情奔放的笔触中，也蕴含着一定的绘画规律，比如透视、冷暖色对比、明暗关系等。开始制作花束时，先不要急着去搭配主花，先把作品的大致架构确定，这样就可以继续填充这个大框架了，就像画画要提前构图，而不是先画主体物。

确定花束框架的时候可以选用一些花茎硬朗的叶材或者花材，大致轮廓介于圆形与长形花束之间。用体量稍大的木槿花确定两侧的边缘位置，一些大朵块状花材玫瑰等置于花束中间偏下的位置打底，从图中我们可以看到在漂亮的'奥斯汀'玫瑰之下是另有层次的，这样才容易呈现出空间感，才能达到我们想表达的自然感。利用翠珠、洋甘菊、大阿米芹等其本身的姿态，去凸显它们，依次从大花到纤细的花材完成整个花束。花朵之间的高低错落形成一个个小空间，这就是自然风造型的重点所在。

17 | 花艺表达 | Fantasy

The Garden of the Saint-Paul Hospital
圣保罗医院的花园
文森特·梵高（Vincent van Gogh，1853 - 1890 年）
布面油画

梵高在画这幅画的时候，
正值他的创作生涯中最重要的时期。
在创作这幅画之前，
他曾因癫痫发作停止了六周的创作，
一个半月后，他重新拾起勇气与热情，
用条纹脉冲式的笔触画出了圣保罗医院的花园。
那个时期，梵高用自身的原始能量，
创作了一幅幅闪闪发光的绘画作品，
展现了大自然的生生不息。

Fantasy

设计师：Sam三木
来自：One day 花店

Flowers & Green
百合、玫瑰、雏菊、松虫草、鼠尾草、银莲花、大阿米芹、葡萄、山归

色彩

　　与梵高平时喜爱运用的邻近色或对比色不同,这幅"潦草"的速写油画以蓝紫色为大色调,为了表现花园颜色多变的盛景,一小片一小片的橘黄、深红、浅蓝色掺杂在小片多变的绿色中,包括深青色的柏树、黄绿的嫩芽还有天空中偶尔的几笔碧绿。让观者不知这是何时,却能体会画中花园的缤纷和绘者洋溢的快乐。

构图空间

　　这幅画充满了有节奏的漩涡,展现出了梵高的绘画所拥有的独特能量。柏树挺拔直耸地伸向天空,一系列飞驰的卷曲的笔触向天推去。笔触中轻快的、闪烁的、不断变化的形式相互对比,给人留下深刻印象。与此同时,前景中的两棵树像不协调的栏杆一样蜿蜒穿过画面,这不寻常的构图使得这幅画就像一张快照,轻松且随意。

颜色呈现

　　根据原作的色彩,我们从中提取了紫色作为花艺作品的主要色彩基调。我们选取了邻近色的不同花材进行表达——百合、玫瑰、雏菊等深深浅浅不同色调的粉色温柔浪漫,淡紫色的松虫草、鼠尾草娇柔动人。白色品种的松虫草、银莲花等提亮了整体色调,使整个作品在视觉效果上更加有立体感。白色伞状的大阿米芹打破了相对规整的粉紫色块,如撒下的繁星,融入一片粉紫色的温柔怀抱。各种形态的绿色配叶穿插在作品中,中和了过多的甜腻。

　　在蓝紫色的背景与蓝色针织桌布的衬托下,带有漂亮花纹的珐琅花瓶泛着淡淡的青光,在质感上与花朵形成了一定对比。葡萄、山竹作为布景衬托物,与原画中近景树干的深红色笔触相呼应,丰富了场景色彩。整个作品犹如清晨的梦境,又似深夜的幻想。

> 这幅画充满了有节奏的漩涡,
> 展现出了梵高的绘画所拥有的独特能量。

造型表现

　　如烟花一般的放射状花艺造型，展现了原画中蜿蜒卷曲的笔触所带来的能量感。放射线造型设计需要强调的是花材间不相交以及同一生长点，另外还需注重线条感与层次感。

　　这件作品中，花艺造型主体部分高度大概为花瓶高度的2/3，这样的比例可以带来最为舒适的视觉效果。作为焦点花的粉色百合被布置在偏右侧，低调中又带点轻盈，与张扬的松虫草形成了巨大反差，表现出一种拉扯感与张力。

　　填充辅花时遵循自然生长规律，花头是一层一层深深浅浅分布的。松虫草与鼠尾草的线条蜿蜒曲折，极具生命力，为了突显线条，特别注意了最外层花材的简化，只做到精致，而不去弱化这些线条，让整个作品更加立体、饱满、灵动。

　　在花材的选择上，有花苞、有盛开、有凋谢、有果实，这样的作品才是最富有自然的灵魂的。

18

花艺表达 — 5月6日 晴

Roses
玫瑰
文森特·梵高（Vincent van Gogh，1853 – 1890 年）
布面油画　华盛顿国家艺廊藏

这幅《玫瑰》是梵高在圣雷米医院中完成的，此时的他已经感到他的疾病与生活都将告一段落，在写给弟弟提奥的信中说他"在发狂地工作，大捧的鲜花，紫色的鸢尾花，大束的玫瑰花"。这幅颇赋春天气息的玫瑰花是他的静物画中最大最美的作品之一，流露出艺术家生命尽头所要传达的冷静与超凡的热情，令人心驰感动。

设计师：夏生
来自：元也花艺

5月6日 晴

Flowers & Green
玫瑰、木绣球、虞美人、铁线莲、花毛茛

色彩

  这幅作品中,梵高没有选择灿烂的向日葵,没有选择迷人的鸢尾,也没有选择鲜红的玫瑰,他选择了绽放的粉白色玫瑰,虽朴实无华,但仍然顽强地盛开。

  整幅画面以朴实柔美的绿色调为主,色彩清新充满活力。画家用不同的绿色堆砌成不同的笔触,表达着自己对生命、对自然的无限热爱:鲜嫩的草本绿、清新的薄荷绿、沉稳的墨绿、令人惊喜的灰绿……作品中的春意足够供起一次次季节交替的生机。

构图

  这幅画采用饱满的圆形构图,盛开的花朵压弯了枝头,垂到桌面上,在画面中围成一个圆形,在视觉上给人以旋转、运动和收缩的审美效果。它不仅有静态效果,同时也随着笔触的方向产生了动态效果,体现着较为明显的整体感。

  在画中流动的绿色就像交响乐的优美旋律,贯穿于作品中。急促的笔触在画布上奏出了一个个流畅的音符,生命的精彩和对生活的激情便倾泻于这色彩交织的音符之中。

Flower Art

形态与空间塑造

这件花艺作品高度还原了原作中鲜花的样子，热情美好，清新愉悦。从花艺静物写生到花艺作品，看起来似乎是个简单的还原过程，但画毕竟是平面的、二维的，而花艺作品是立体的，所以不能一味地依照原画去创作，那样只会做成一个"面"。

用大小不同的叶材或花枝定轮廓，高低错落的枝条铺垫出整个作品的节奏。为了避免插成一个"实心球"，需要注意层次感和空气感，稍大朵的木绣球靠里压低遮花泥，而花头较为轻盈的虞美人、铁线莲等插在最外层，几个枝条轻松随意地垂下，整个作品看起来轻盈蓬松，又具有十足的动感。

颜色呈现

在将花艺静物写生"变现"的花艺作品设计中，我们选择了各种花形的白色的花和绿色的叶去表现这组绿意盎然的花艺作品。虽然不是原画中的玫瑰，但木绣球、花毛茛、铁线莲、虞美人、银莲等不同花形点缀紫色、黄色的花芯，却更能表现出丰富多变的内容。虽然都是白色的花，但它们是有层次、有群组、有节奏的，否则就会过于单一、平均、死板。

在作品中心点偏右的位置，几种不同的花相互簇拥在一起形成一种紧密的视觉效果，随着整体节奏，四周的花时而聚集，时而跳跃，展现着青春的律动，又如"忽如一夜春风来，千树万树梨花开"的景象。

Others

画 与 花 / 其 他

整体色调趋于一致的,尤其是类似古典主义风格的油画,并不是很容易用绚烂多彩的自然界的花朵来表现。当然,自然馈赠于我们的原材料多种多样,各种花材的颜色更是数不胜数,我们同样可以选用低沉、高雅、怀旧的花材配色去呈现浓郁、复古的古典主义油画般的效果。

本章选用的绘画并不局限于印象派,他们或具有传神的故事性,如克拉姆斯柯依笔下凝视你的《无名女郎》或是具有《无情的妖女》那一袭红裙的明艳色调,或是像《秋杨》具有明显的结构特点,它们都十分利于花艺师抓住表达的特点。

Diva　无名女郎 The unknown girl
Dionysus　无情的妖女 La Belle Dame sans Merci
夜不下来的黄昏　秋杨 Autumn poplars
一束春光　年轻的母亲在织衣 Young Mother Sewing
莎士比亚的对白　忏悔 The Confession
去野餐吧　穿橘色裙子的小女孩 Child In Orange Dress
没有说出口的　夏 Summer

19 | 花艺表达
Diva

The unknown girl
无名女郎

伊凡·尼古拉耶维奇·克拉姆斯柯依
（Ivan Nikolaevich Kramskoy，1837 – 1887 年）
75.5cm×99cm 油画 莫斯科特列恰科夫美术馆藏

这是一幅颇具美学价值的性格肖像画，
画家克拉姆斯柯依用现实主义思想
以及古典造型手法塑造了一位 19 世纪
俄国新时代女性的完美形象，
以精湛的技艺表现出画中女子的精神气质，
具有极大的感染力，是世界美术史上肖像画杰作，
被视为"俄罗斯的蒙娜丽莎"。
画中女郎侧身端坐，
身着俄国上流社会豪华的服饰，
坐在敞篷马车上，高傲而自尊地俯视着这个冷酷无情的世界，
背景是俄罗斯著名的亚历山德琳娜大剧院。
究竟"无名女郎"是谁，至今仍然是一个谜。

Diva

设计师：夏生
来自：元也花艺

Flowers & Green
鸡爪械、乒乓菊、洋桔梗、虾衣花、水仙百合、芦苇

色彩

画中以冬天的城市为背景，苍茫的冷灰色天空和建筑屋顶上覆盖的白雪映衬出画中人物庄重的倩影，使之显得格外醒目。在主体色彩的处理上，色调浓重且有变化，冷漠、俊秀的面孔鲜明突出，格外典雅清高，这与深沉的主题思想是和谐一致的。

她身着毛皮镶边的天鹅绒外套，脖子系有蓝紫色的领结，既显示出富贵又突出色彩层次变化，也能衬出肌肤的完美无瑕，微露的手背和面部形成呼应，头上戴的白色鸵鸟羽毛装饰的帽子，显得格外醒目，打破了压抑的深色调。亮棕色的马车靠背与女子深蓝色的服装形成了对比色，增添了空间的层次感。这种强烈的明暗对比与和谐高雅的色调展示出一个刚毅、果断、满怀思绪、散发着青春活力的俄国知识女性形象。

构图

画作中运用了对角线式构图，使人产生一种仿佛马车即将要向前行驶的感觉。同时，作为画面核心人物，女郎倾斜的身体和头部的动势形成一种傲然的神态，画家有意将视平线压低，突出女郎居高临下的目光和俯视观众的姿态，增加了人物的威严感。

色彩质感

运用大面积暗色系花材,首先用暗绿色的配叶打底,再搭配几支红褐色鸡爪槭。深红色乒乓菊花型浑圆饱满,花瓣层次丰富、质感厚重,高贵、神秘的气息顿时显现。

淡粉色的波浪洋桔梗可以说是整体造型中的亮点,它的加入使作品在冷艳中又透出了一丝温柔。红黄渐变的虾衣花以及深粉色水仙百合作为副花材使用,塑造了花艺造型中的亮面,使原本沉闷的气息一下子鲜活起来。右上方的芦苇花序姿态优美、轻盈,给人以温暖感,不仅呼应了原作中女郎头上精致的鸵鸟羽毛装饰,又巧妙地中和了画面的压抑感,使整体色彩的明暗对比不会显得过于突兀,整体气息也变得柔和起来。

构图空间

整体花艺造型以花瓶瓶口上方为生长点,呈放射状构图方式展开。不同的花材似为同根生,由下至上四散开来,展现出各自不同特质,婀娜多姿。一支花型完美的洋桔梗承担了焦点花这一角色,呼应了原画中女郎精致的脸庞。左侧的一朵洋桔梗半遮掩在配花丛中,与焦点花相互呼应,让色彩关系和空间关系有机地结合起来。

20 花艺表达 | Dionysus

La Belle Dame sans Merci
无情的妖女
弗兰克·卡多根·考珀（Frank Cadogan Cowper，1877-1958年）
布面油画 私人收藏

弗兰克·卡多根·考伯（Frank Cadogan Cowper），
常被称为"拉斐尔前派的最后一位"画家，
画里故事根据济慈的长诗
La Belle Dame Sans Merci'无情的妖女'创作。
对于拉斐尔前派画家来说，这是一个很受欢迎的主题，
他们崇尚浪漫和情感，
喜欢美丽明亮的颜色、均匀的光线、真实的细节。
拉斐尔前派作品呈现出的整体气质
犹如维多利亚时期病态的贵族少女，不断思考着美与死亡，
正如这幅唯美与颓废交织的画。

Dionysus

设计师：夏生
来自：元也花艺

Flowers & Green
千瓣葵、百日菊、尤加利叶、小番茄、姑娘果、雏菊

色彩

　　红色、金色、褐色、暗绿色作为此幅画的几种主要颜色，被考伯巧妙地混合后形成了一种微妙的颜色风格，给人一种微醺的暧昧的感觉。红色的衣服点缀了金黄色的花朵，在第一时间吸引了人的眼球，女人脸庞以及双臂作为画面中最亮的色块出现，在幽深茫茫的深褐色山水背景的衬托下，占据了整个画面的视觉焦点。

　　画面颜色是美丽生动的，蛇蝎美人的衣服首先抓住了观众的眼睛，继而又将观者的目光吸引到女人脚下沉睡的骑士。他的盔甲闪耀着金光，从中我们可以捕捉到拉斐尔前派的照相写实主义特征。在骑士和女人之间，零星分布了血红的罂粟花，在古希腊罗马神话中，罂粟花是被用作祭品献给死者的，这些花一直被用作墓碑上的象征，代表永恒的睡眠。画中的骑士可能是睡着了，也可能已死去，女人衣服和罂粟花的红色联系在一起，暗示着她对他的控制与征服。蛇蝎美人看着沉睡的骑士，若无其事地整理着自己的头发，她的征服，她的傲慢与骄傲，被强烈地描绘了出来。

构图

　　画面采用金字塔形构图，给人以稳定、平衡感，女人的脸部作为全画焦点也是金字塔的最高点俯视着身下的一切，被爱所俘虏的骑士处于构图的最底端，与高傲冷漠的女人在空间上形成鲜明对比，也与作品的精神内涵相一致。

颜色及质感呈现

　　我们在创作花艺作品之前，首先要进行一个意向表达的思维过程。我们根据画面所传达出的情感去创作，表现的也应是一种热烈的、暧昧的、魅惑的氛围。

　　红色、橙色、黄色都属于暖色系颜色，三者在色环上也是连续过渡的颜色，将它们搭配在一起使用会呈现一种热闹的气氛，而绿色系叶材平衡了过于饱满浮躁的感觉。

　　在颜色布局上由上至下、由左到右过渡，制造颜色变化效果和节奏感。橘黄色千瓣葵作为焦点花，是过渡的颜色。鲜红色和明黄色的重瓣百日菊作为副花材构建起了整体造型，再搭配一些深红色单瓣小菊、秋色尤加利叶去填补空间，使整体色彩更稳重，小菊黄色花芯的点缀也更加丰富了层次感。金色花器的选择更是起到了画龙点睛的效果，使整体作品的呈现更加高贵，也与原作中骑士的金色盔甲相呼应。

　　在花艺创作中，花艺作品的后期拍摄布景也是非常重要的一

部分。根据原画所带来的灵感,选用棕色衬布还原了画中的山水背景,桌面上随意散落的小番茄、菇娘果、葡萄,以及枯萎的鹅掌花、挂满烛泪的复古铜烛台,配合花艺作品将原画中所表现的那种热烈浓重而又凄美冷艳的感情更好的诠释了出来。

形态与空间塑造

借鉴原画作中的金字塔形构图方式,在此基础上将原作中的视觉焦点降低,将最具分量感的焦点花千瓣葵放在整体作品高度的三分之一处,以达到更稳定的视觉平衡。再围绕重心将其他副花材呈放射状,按照疏密有致、上散下聚、上重下轻的构造技巧进行布置。红色百日菊在整体空间形态塑造上起到了关键性作用,层叠的花瓣所呈现出的厚重感给人一种高贵、妩媚的气质。最上方的几支百日菊线条极具力量感,它们高昂着花头蜿蜒向上伸展,将原画作中高傲冷艳的女人形象完美的还原出来。

21 花艺表达|夜不下来的黄昏

Autumn poplars
秋杨
奥塔卡·内耶德莱（Otakar Nejedlý, 1883–1957年）
布面油画

奥塔卡·内耶德莱是一位捷克艺术家，
曾担任捷克美术学院的教授。
他曾到印度和锡兰习画，
在那里不仅创造了独特的画法，
还撰写游记——《在欧洲、锡兰和印度流浪的画家》。
他经常以黑色或者引人注目的颜色以及
戏剧性的表现手法来描绘捷克的风景，
譬如这幅秋天的杨树，
暗黑的夜空、神秘的河水、火焰般的秋叶、飘落的点点金黄，
给观者一种既强烈醒目而又和谐统一的感受。
笔触的对比、色彩的对比、明暗的对比、虚实的对比，
增强了画面的视觉张力，浓郁的秋色扑面而来。

夜不下来的黄昏

设计师：夏生
来自：元也花艺

Flowers & Green
针垫花、橡树叶、玉米、灯笼果、娇娘花、蔷薇果（皆为干花）

色彩、笔触

　　画面整体以橘黄色系的暗色调为主，表现了一幅深秋傍晚静静的小河边，杨树叶子纷纷扬扬洒落在水面的场景。画家将大面积的蓝黑色铺底，去表现夜空与河水，营造出一种深邃的感觉。

　　正值深秋，叶片已开始变黄、枯败、飘落，画面近景中，团团的金黄和亮橘如黑夜中的火焰般格外耀眼，往远处望去，秋叶慢慢变为暗橘色，沿着河岸逐渐消失在夜色中。在前景画面中加入了一些红绿互补色，增强了前景的视觉效果。粗犷的笔触增加了画面的肌理感和厚重感，水面的笔触则是轻薄透明的，镜面的质感由此显现。

构图

　　画面采用最基本的一点透视构图法，弯曲的河岸线、两岸成排的杨树向远延伸消失至一点，色彩也随之渐渐暗淡，让人感受到一种夜色朦胧的幽深意境。画面采用微微仰视的视角，两岸树木分为左右两块挺拔直立，像是坚守的士兵，近景处的树冠延伸出画面，让画面看上去更加饱满。

颜色及质感呈现

　　原画所呈现的是一幅浓浓的秋色图，根据画面所传达的情感，我们寻找了很多关于秋天的元素、干花花材去表现秋天的意向。

　　黄色是原画中最为凸显的颜色，选用一支干枯的带着一些颜色渐变的花烛去表现这一亮部色块，作为整体造型中的视觉焦点。原画中第二个层次是亮橘色，中间又夹杂着绿红、黄橘的渐变。选用秋色永生橡树叶，从亮橘到暗橘、从暗红到红褐，可以很好地去表现画中的色彩层次。

　　最左侧与右上方搭配几枝接近深咖色的橡树叶，强调了作品的整体轮廓结构。针垫花、玉米棒、灯笼果、娇娘花、蔷薇果等干花花材的使用，充满了不同于往常的魅力，这些中低彩度的干花表现出朴素、含蓄的视觉质感，使作品拥有了更加丰富的肌理效果，耐人寻味。

造型表现

原画中画家通过一点透视的构图方式对画面中的景物元素进行布局描绘，在花艺造型表现时，我们可以转换为由一点放射的方式去做一个自然风的花艺造型。我们将这个点作为生长点，以这个点为核心向外扩散、伸展，模仿自然界的植物生长状态。首先布置出大致框架，左边一束干枝，上方一束橡树叶，大致呈"L"型布局，花形的最大长度或高度为1.5~2个花器单位即体现了黄金比例，给人以最舒服的视觉比例效果。

将花形较大的花烛插在下方焦点处，插口布置得集中紧凑，但要避免杂乱无章，使作品有如一棵生长旺盛的植物。加入一些辅助性的点、线、面，如玉米杆、灯笼果干枝的线条，蔷薇果的点状装饰，小玉米棒子、干针垫花的块状补充，丰富了整个花艺造型空间。

正值深秋,叶片已开始变黄、枯败、飘落,
画面近景中,
团团的金黄和亮橘如黑夜中的火焰般格外耀眼,
往远处望去,秋叶慢慢变为暗橘色,
沿着河岸逐渐消失在夜色中。

22 花艺表达——一束春光

Young Mother Sewing
年轻的母亲在织衣

玛丽·卡萨特（Mary Cassatt，1844-1926 年）
92.4cm×73.7cm 布面油画 纽约大都会博物馆藏

19 世纪 70 年代的巴黎，
正是印象派新兴的时期。
卡萨特被印象派对光影的表现手法和
明朗的色彩风格所吸引，
并在那里与德加一见如故，
还结识了诸如塞尚、莫奈和雷诺阿等其他极其活跃的印象派画家。
她和德加一样，喜爱捕捉人物在生活中的场景，
作为一名身居欧洲的美国女性，
其绘画既有欧洲的浪漫和古典的色彩氛围，
又具有美式的独立和人文主义精神。
她的绘画以女性和亲子题材居多，
每幅画都透着温馨和爱意。

色彩、笔触

  这幅作品受日本版画的影响，绘画手法已经初见装饰性，弱化了明暗对比，整个画面呈现的是蓝橘调，呈现的是恬静、悠闲的亲子时光。

  窗外的树林、草地的黄绿、粉绿、蓝紫，以及中景橘色墙壁和蓝瓶、橘红色桌花比起前景色彩更为丰富，但画家将色彩纯度适当降低，并将背景做了平面化处理，弱化背景，突出前景人物，使前后拉开了一定距离。

  前景母亲身着高饱和度的蓝色连衣裙与身后暗橘色的墙面形成振奋精神的对比色，相互辉映，衣裙蓝得更加透彻、清新，墙面的橘色则显得更为稳重。黑白条纹衣物作为画面中最强的明暗对比，强调了主体人物的轮廓。小女孩的衣裙呈现出大面积的白色块，平衡了整个画面，亮面高灰度、高明度的黄色和蓝色与背景的色彩相呼应。

构图

  作品以三角形的构图方式展开，母亲低头缝纫的动作随意自然，仿佛随时会抬头的母亲的动态具有很强的亲和力和感染力，好像他们就在我们眼前，她双手搭起的三角形起到强调中心的作用，女孩的眼神被安排在视平线以下的位置，她转头侧身，以审慎而探究的眼神全神贯注地注视着我们，为画面增添了趣味和灵气。

  左上角的橘红桌花拉高了整个画面的视觉重心，母亲衣服上的条纹图案与整个绘画的具象形态构成了图形形式、线条曲直上的对比，具有一定的"现代感"。

Flower Art

颜色呈现

画面整体色彩风格是活泼轻快的蓝橘色调，根据原画色彩，我们选用橙色、香槟色、蓝色、白色等花材去表现一束蓝橙色系自然风格的手捧花造型。

主花材选用香槟玫瑰，搭配同色系的多头小玫瑰，以及浅橘色、橙黄色的花毛茛，呼应了原画中母亲和女孩的皮肤颜色和背景墙面以及瓶花的色彩，在焦点花香槟玫瑰周围搭配白色重瓣银莲花、白玫瑰、白色小菊等，组成了作品中的暖白色块，向右上方逐渐过渡到浅橘色、橙黄色。

淡蓝色翠珠和蓝色的小飞燕呼应了原画中的蓝色元素，跳跃性地点缀在花材中间，与橘色系的花形成小面积的互补色对比，多了一丝轻松的趣味又不会让视觉冲击过于强烈，令人耳目一新，展现出原画中母女间活泼愉悦的温馨时光。

造型表现

我们选择了一个偏"T"型的花束造型去表现这束手捧花设计。不同于圆形直立型花束，从"T"型花束正上方看是偏长方形的，从正面看是T形的，花头部分要有厚度、有层次，避免从正面看是一条线。螺旋点在T型的中间位置，手握点是偏高的，整个作品可以四面观，造型偏复古自然风格。

原画中的焦点在画面中心偏左下位置，也就是小女孩的脸部，在花艺表现中，我们选择与女孩面部肤色近似的、花头体块较大的玫瑰以及花毛茛去做中间的视觉焦点，注意将焦点位置适当压低，由此向焦点两边做延伸。

加入多头玫瑰、重瓣银莲等副花材，让整体造型更加饱满。跳跃性地添加补充花材，如小菊、翠珠、小飞燕等，更加丰富了作品的层次，使作品更加立体，也更具跳动感和节奏感。

窗外的树林、草地的黄绿、粉绿、蓝紫，
以及中景橘色墙壁和蓝瓶、
橘红色桌花比起前景色彩更为丰富，
但画家将色彩纯度适当降低，
并将背景做了平面化处理，
弱化背景，突出前景人物，
使前后拉开了一定距离。

23 花艺表达 | 莎士比亚的对白

The Confession
忏悔
弗兰克·迪科塞尔（Frank Dicksee，1853 - 1928 年）
159.9 cm× 114.2 cm 油画 私人收藏

迪科塞尔是维多利亚时代后期最重要的画家之一，
他的画作除了表现历史、戏剧、文学等主题以外，
刻画优雅时髦的女人肖像也是家喻户晓脍炙人口的。
他的作品深受拉斐尔前派的影响，
继承了传统英国绘画的细腻和优雅，
注重对细节的精雕细刻，
注重艺术细节的真实和象征性，
具有自然的纯朴和唯美的诗意。

莎士比亚的对白

设计师：夏生
来自：元也花艺

Flowers & Green
百合花、洋桔梗、石竹花、大阿米芹

这幅画的呈现基本只用到了黑、白、浅咖三种颜色，
颜色虽少，但笔触细腻、细节动人。
所表现的内容源自于维多利亚时期的小说或者诗歌作品，
以诗意的方式写实。

色彩

　　这幅画的呈现基本只用到了黑、白、浅咖三种颜色，颜色虽少，但笔触细腻、细节动人。所表现的内容源自于维多利亚时期的小说或者诗歌作品，以诗意的方式写实。纵观整个画面，对于男人的描绘是黑暗的，而女人则是亮白色块，二者形成了强烈的对比，极具戏剧性与象征性。画中的男人背窗而坐，整个面庞都处于阴影之中，但我们可以清晰地看到他的面部表情，凝重中带着忧伤，女人半卧在沙发上，窗外的光照进来投到女人的面部和身上，整个人被笼罩在一层淡淡的金色之中，她望着男人，凄凉的眼神中透着一丝绝望。

构图

　　画中女人身体弯曲的姿态让画面呈现一种半椭圆式构图，具有一种曲线感和流动感。男人和女人的面部以及女人前伸的双臂构成了一个局部三角形，顺着女人的视线方向与窗外斜射进的光线，形成了斜线式构图，具有一定的空间指向性。

我们从画作中汲取灵感，
在花艺色彩表达上，
运用强烈的黑白明暗对比，选用
无彩色系花材。

空间表达

　　这是一个自然开放式的花艺造型，有如烟花炸裂的感觉。在进行花艺表达之前，我们可以先大致确定一个三角形的框架，在此基础上去填充花材。

　　根据原画的构图，将左右的深色叶材与浅色花材区分对比起来，几朵穿插在叶片中的白色石竹花犹如飞舞的蝴蝶，与白色主花部分相互呼应，避免出现死板的交界线，同时增加了作品的灵动感。蕾丝花与造型主体部分虚实相生，而且3支大阿米芹的空间关系前后错落有致，制造了一种投影效果，拉伸了前后空间感。

色彩转换

　　我们从画作中汲取灵感，在花艺色彩表达上，运用强烈的黑白明暗对比，选用无彩色系花材。各种白色的花以组群的方式布置到一起，形成明显的白色块且有聚有散，以此来做亮部，呼应了画中一袭白裙的女人。

　　墨绿的配叶做衬托，表达暗部，呼应原画中的男人形象，亮与暗、白与黑的对比表现出作品强烈的立体感和清冷、忧郁的氛围。

　　浅咖色的陶罐端庄而稳重，中和了花材过于冷淡的色彩，使作品的气质更加优雅、复古、自然、质朴。

笔触呈现

　　枯萎的百合花微微泛黄，呈现出褶皱的肌理感，犹如画中女人的白色裙褶。洋桔梗与石竹花花瓣的质感是洁白无暇的，像是有画中柔软细腻的笔触一般。大阿米芹属于雾状花材，它的加入柔和了黑白的对比，细密的花瓣使整体造型的质感更加丰富。

24 花艺表达 — 去野餐吧

Child In Orange Dress
穿橘色裙子的小女孩
玛丽·卡萨特（Mary Cassatt，1844-1926 年）
60cm × 72.77 cm 粉笔画

玛丽·卡萨特的绘画拥有自己的风格，
大约从 19 世纪七八十年代开始，
她开始主要以母亲和孩子为题材，
画了很多有关爱的场景，
表现宁静闲适的亲子时光。
卡萨特用自己作为女性的一颗细腻柔软的心，
用朴实深情的笔触，
诉说着暖暖的亲情和温柔的力量。

色彩

　　卡萨特的油画和粉笔画都以亮色为特点。她的粉笔画色彩斑斓，具有实验性，据说是受德加对于粉笔运用的启发。此幅画的整体色调是偏复古的黄绿色调，颜色明朗而厚重，充满活力。背景以大片的草绿色铺底，值得注意的是，大片的绿色中也不时出现了黄色的笔触，与女孩衣裙的橘黄色相呼应，厚重鲜艳的色彩映衬出小女孩白皙粉嫩的皮肤。

　　白色薄纱材质的帽饰为画面增添了轻盈通透感，将女孩粉扑扑的脸蛋映衬得十分可爱。

构图空间

　　画中的小女孩侧卧在皮质沙发上，清澈的眼神如湖水一般，极为可爱稚嫩。三角形构图使整体画面呈现出一种稳定感，光线从左上方投射到女孩的衣裙上，女孩歪着头看向右前方，无形中也为整体空间营造了一种平衡感。在笔触运用上，帽饰、裙摆、背景都是以粗率的笔触来表现的，而最细腻的刻画表现在女孩的面庞中，抓住了观者的视觉重心，整体有松有紧，避免了过度写实的刻板。

色彩呈现

在花艺创作中，提取了原画中的几种主要色彩，去表现一组热烈、自然、奔放的多层次花艺作品。款式简洁的白色花瓶衬托着形态、颜色丰富的花朵们，作品以白色的大朵玫瑰打底，如同油画般色彩的橙黄色波斯菊在花丛中雀跃成为作品中最亮眼的部分，金黄色的花毛茛还原了画中女孩衣裙的亮部，使黄色的部分更加层次丰富。

白色银莲花、白花虎眼万年青花瓣轻盈灵动，让整体作品的色彩更加轻快活泼，绿色的常春藤穿插在作品中忽隐忽现，绿色背景墙的烘托也使得与原作氛围更加贴合。虽然在整个花艺设计中只用到了黄绿白三种色彩，但它们的层次是十分丰富的，不同色之间的过渡、穿插、聚散都控制得恰到好处。

形态与空间塑造

这件花艺作品表现的是一个自由生长的自然风格造型，给人以生机勃勃之感。

由下及上的三角形构图永远是不会错的，依然是块状花材做打底，使作品呈现一定的视觉稳定感，中层部分采用花瓣层次丰富又较为轻盈的花朵营造出层叠重复的效果，展现出作品旺盛的生命力。

白花虎眼万年青的花瓣娇小却精致，可爱的花瓣跳脱出来，将人们的视线引入上方，两支轻盈的波斯菊在最顶端舞蹈，仿佛在歌唱这收获季节的美好。

Flower Art

> 虽然在整个花艺设计中只用到了黄绿白三种色彩，
> 但它们的层次是十分丰富的，
> 不同色之间的过渡、穿插、聚散都控制得恰到好处。

25 花艺表达——没有说出口的

Summer
夏
弗兰克·W·本森（Frank W. Benson, 1862-1951年）
布面油画 史密森尼美国艺术博物馆

弗兰克·威斯顿本森是美国印象派画家，
他还以写实主义肖像画、水彩画和蚀刻版画而著名。
他受莫奈的影响，很擅长捕捉反射光，
注重细节的表达，
比较多地描绘理想化的人物及风景。
他笔下的人物优雅、尊贵、迷人，
却又有着鲜活的生命力，
反映了20世纪初充满活力的美国社会。
这幅画是他所创作的三幅系列寓言画
《春》《夏》《秋》之一的《夏》。

没有说出口的

设计师：夏生
来自：元也花艺

Flowers & Green
玫瑰、虞美人、铁线莲、花毛茛、圆叶尤加利

构图从本质上看是一种有意味的形式,特别是在人物肖像画中,构图更是一种传达人物身份、性格内涵的形式。

色彩

整体画面呈现一种暖紫色调,让人们感受到了一个热烈、浪漫又温暖的夏日。背景的天空是粉紫色的,下面是深蓝色的海、绿色的草地,整体背景都以低对比度低明度色调表现,衬托出画中女神的优美姿态,使之显得更加清晰醒目。女神的白色衣裙在风中荡漾,在灰紫色阴影的衬托下更突出了闪亮的白、粉、黄。紫色的碎花披肩丰富了画面色彩,互补色黄色、邻近色蓝色的使用形成了小范围的弱对比,活跃了气氛,让女神的形象更加鲜活了。

构图

构图从本质上看是一种有意味的形式,特别是在人物肖像画中,构图更是一种传达人物身份、性格内涵的形式。我们可以把人物动势、表现角度、视平线、光线几个方面放在整体构图中去理解。作为画面核心人物,夏之女神微侧的脸庞和手臂的动势形成一种优雅的姿态。画家有意将视平线压低,更加凸显了人物的高贵气质。

随风飘扬的衣巾动态十足,仿佛一股夏日海风扑面而来,通过对衣裙明暗对比的刻画,使得盛夏的强烈光线也成为实实在在的描述对象。

颜色呈现

这一束仿真花手捧设计,我们选取淡紫、白、绿这三种主要色彩,再加以少量深红色去作搭配,温柔清新中又带点炽热,正是初夏的感觉。白色的虞美人、铁线莲以群组的方式还原了画中女人白色衣裙部分,虞美人的黄色花心清新可爱,与紫色的花形成了小范围的弱对比。淡紫色的大朵玫瑰、铁线莲聚在右上方,与白色部分相互映衬。两支紫色的铁线莲穿插于作品的上下两端相呼应。几支深红色的花毛茛虽然被置于最下方做陪衬,但它们的加入却让整个作品的颜色更加沉稳耐看。

造型表现

拥有着浪漫气息的夏日,最适合以自然风去表现。自由、随意、不刻板的设计,会让我们的花艺作品拥有更多的可能性。玫瑰、虞美人、铁线莲、花毛茛等花头间的高低错落,形成了丰富多变的负空间。每朵花不同的花形、质感、大小的对比,避免了重复单一的视觉效果。圆叶尤加利作为主要的叶材为整体设计构建了一个框架,并且在上下两侧的用量上也作了区分,营造一种不均衡的自然随意的效果。花枝轻盈的铁线莲丰富了作品的线条感,在初夏阳光的映衬、微风的拂动下,开始轻盈地舞蹈。

欢迎光临花园时光系列书店

    ······

中国林业出版社天猫旗舰店　　花园时光微店

扫描二维码了解更多花园时光系列图书

购书电话：010-83143571